"创新设计思维"
数字媒体与艺术设计类新形态丛书

全|彩|微|课|版

Cinema 4D 2024

三维建模实战教程

来阳 编著

人民邮电出版社

北 京

图书在版编目（ＣＩＰ）数据

Cinema 4D 2024三维建模实战教程：全彩微课版 /
来阳编著. -- 北京：人民邮电出版社，2024.10
（"创新设计思维"数字媒体与艺术设计类新形态丛
书）
ISBN 978-7-115-64284-4

Ⅰ. ①C… Ⅱ. ①来… Ⅲ. ①三维动画软件—教材
Ⅳ. ①TP391.414

中国国家版本馆CIP数据核字(2024)第080741号

内 容 提 要

本书通过对大量实例的讲解，全面介绍了使用 Cinema 4D 进行三维建模的方法，涵盖了从基础用法到高级应用的方方面面。本书共 8 章，内容包括熟悉中文版 Cinema 4D 2024、多边形建模、曲线建模、灯光技术、摄像机技术、材质与纹理、渲染技术、综合实例，帮助读者轻松掌握 Cinema 4D 三维建模的相关知识。

本书可作为普通高等院校数字媒体艺术、数字媒体技术、动漫与游戏制作等影视传媒专业的教材，也可作为相关行业从业者的参考书，还可作为 Cinema 4D 零基础读者的自学用书。

◆ 编　著　来　阳
　　责任编辑　韦雅雪
　　责任印制　陈　犇
◆ 人民邮电出版社出版发行　　北京市丰台区成寿寺路 11 号
　　邮编　100164　　电子邮件　315@ptpress.com.cn
　　网址　https://www.ptpress.com.cn
　　临西县阅读时光印刷有限公司印刷
◆ 开本：787×1092　1/16
　　印张：13.25　　　　　　　2024 年 10 月第 1 版
　　字数：389 千字　　　　　2024 年 10 月河北第 1 次印刷

定价：79.80 元

读者服务热线：(010)81055256　印装质量热线：(010)81055316
反盗版热线：(010)81055315
广告经营许可证：京东市监广登字 20170147 号

前　言

　　Cinema 4D 2024是一款优秀的三维设计软件，它功能强大，在模型制作、场景渲染、动画及特效等方面都能取得不错的效果，从诞生以来一直受到三维设计从业者的喜爱。目前很多高校的艺术设计相关专业都开设了Cinema 4D三维设计相关的课程。党的二十大报告中提到："教育、科技、人才是全面建设社会主义现代化国家的基础性、战略性支撑。"为了促进各类院校快速培养优秀的三维设计技能型人才，本书力求通过多个实例由浅入深地讲解用Cinema 4D进行三维设计的方法和技巧，帮助教师开展教学工作，同时帮助读者掌握实战技能、提高设计能力。

编写理念

　　本书体现了"基础知识+实例操作+强化练习"三位一体的编写理念，理实结合，学练并重，帮助读者全方位掌握Cinema 4D三维建模的方法和技巧。

　　基础知识：讲解重要和常用的知识点，分析归纳Cinema 4D三维建模的操作技巧。

　　实例操作：结合行业热点，精选典型的商业实例，详解Cinema 4D三维建模的设计思路和制作方法；通过综合案例，全面提升读者的实际应用能力。

　　强化练习：精心设计有针对性的课后习题，拓展读者的应用能力。

教学建议

　　本书的参考学时为64学时，其中讲授环节为40学时，实训环节为24学时。各章的参考学时可参见下表。

章序	课程内容	学时分配	
		讲授环节	实训环节
第1章	熟悉中文版Cinema 4D 2024	1学时	1学时
第2章	多边形建模	6学时	4学时
第3章	曲线建模	4学时	3学时
第4章	灯光技术	6学时	4学时
第5章	摄像机技术	2学时	2学时
第6章	材质与纹理	8学时	3学时
第7章	渲染技术	5学时	3学时
第8章	综合实例	8学时	4学时
学时总计		40学时	24学时

配套资源

本书提供了丰富的配套资源，读者可登录人邮教育社区（www.ryjiaoyu.com），在本书页面中下载。

微课视频： 本书所有案例配套微课视频，扫码即可观看，支持线上线下混合式教学。

素材和效果文件： 本书提供了所有案例需要的素材文件和效果文件，素材文件和效果文件均以案例名称命名。

素材文件　　　　效果文件

教学辅助文件： 本书提供PPT课件、教学大纲、教学教案、拓展案例等。

PPT课件　　　　教学大纲　　　　教学教案　　　　拓展案例

作者
2024年6月

目录

第 1 章

熟悉中文版 Cinema 4D 2024

第 2 章

多边形建模

第 3 章
曲线建模

第 4 章
灯光技术

第 5 章
摄像机技术

第 6 章
材质与纹理

第7章 渲染技术

第8章 综合实例

第 1 章 熟悉中文版Cinema 4D 2024

本章导读

本章将带领大家学习中文版Cinema 4D 2024的界面组成及基本操作，通过实例的方式让大家在具体的操作过程中对Cinema 4D的常用工具图标及使用技巧有基本的认知和了解，并熟悉该软件的应用领域及工作流程。

学习要点

- ❖ 熟悉Cinema 4D的应用领域
- ❖ 掌握Cinema 4D的工作界面
- ❖ 掌握Cinema 4D的视图操作
- ❖ 掌握对象的基本操作方法
- ❖ 掌握常用快捷键的使用技巧

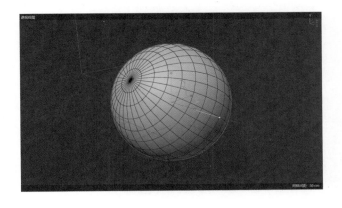

中文版Cinema 4D 2024概述

随着时代的发展和科技的进步，计算机应用已经渗透到各行各业，计算机已经成为人们工作和生活中无法取代的重要电子产品。多种多样的软件技术配合不断更新换代的电脑硬件，让越来越多的可视化数字媒体产品飞速融入人们的生活中。越来越多的艺术专业人员开始使用数字技术进行工作，同时诸如绘画、雕塑、摄影等传统艺术学科也都开始与数字技术融会贯通，形成了一个全新的学科交叉创意工作环境。

中文版Cinema 4D 2024由德国公司Maxon Computer出品，是国内应用最广泛的专业三维动画软件之一，旨在为广大三维动画师提供功能丰富、强大的动画工具来制作优秀的动画作品。组合使用该软件的多种动画工具，会使得场景看起来更加生动，角色看起来更加真实。其内置的动力学技术模块则可以为场景中的对象进行逼真而细腻的动力学动画计算，这就为三维动画师节省了大量的工作步骤及时间，也极大地提高了动画的精准程度。图1-1所示为中文版Cinema 4D 2024的启动界面。

图1-1

中文版Cinema 4D 2024的应用范围

中文版Cinema 4D 2024可以为产品展示、建筑表现、园林景观、游戏、电影和运动图形的设计人员提供一套全面的 3D 建模、动画、渲染以及合成的解决方案，应用领域非常广泛。图1-2和图1-3所示为笔者使用中文版Cinema 4D 2024制作的三维图像作品。

图1-2

图1-3

 中文版Cinema 4D 2024的工作界面

学习使用中文版Cinema 4D 2024时，首先应熟悉该软件的工作界面与布局，为以后的创作打下基础。图1-4所示为中文版Cinema 4D 2024打开之后的工作界面。

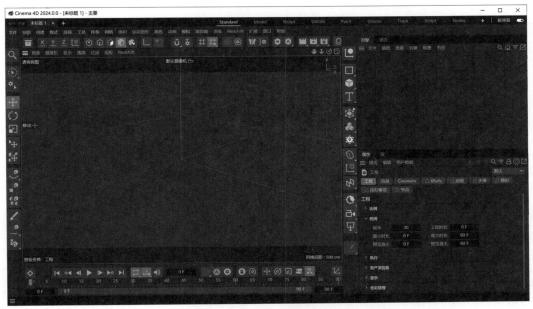

图1-4

技巧与提示　Mac版本的中文版Cinema 4D 2024与Windows版本的几乎没有区别，读者可以根据自己的电脑自由选择软件的版本。

1.3.1 快速启动对话框

打开中文版Cinema 4D 2024后，会自动弹出"快速启动对话框"，如图1-5所示。用户可以在该对话框中新建或打开文件、查看最近的工程文件，以及在线查阅软件的最新消息和教学资源。

图1-5

1.3.2 菜单栏

中文版Cinema 4D 2024的菜单栏位于工作界面上方，包含多个菜单，如图1-6所示。

| 文件 编辑 创建 模式 选择 工具 样条 网格 体积 运动图形 角色 动画 模拟 跟踪器 渲染 Redshift 扩展 窗口 帮助 |

图1-6

1.3.3 视图

中文版Cinema 4D 2024为用户提供了多个视图来进行三维创作。默认状态下，当用户打开软件后，工作界面会只显示一个视图，即"透视视图"，如图1-7所示。当用户按下鼠标中键后，软件则会切换至四视图显示状态，如图1-8所示。

图1-7

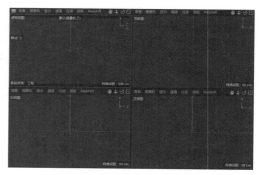

图1-8

1.3.4 工作区

工作区可以理解为多种窗口、面板以及其他界面选项根据不同的工作需要而形成的一种排列方式。中文版Cinema 4D 2024为用户提供了多种工作区的显示模式，包括Standard（标准）、

Model（建模）、Sculpt（雕刻）、UVEdit（UV编辑），分别如图1-9～图1-12所示。

图1-9

图1-10

图1-11

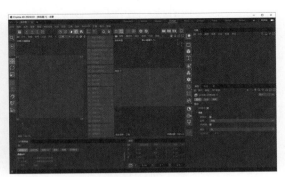
图1-12

1.3.5 "对象"面板

　　"对象"面板位于工作界面右侧，用户不但可以用它来查看并选择场景中的对象，还可以在其中对场景中的对象进行重命名、隐藏、显示等操作，如图1-13所示。

图1-13

1.3.6 "属性"面板

　　"属性"面板主要用来显示所选择对象的属性。当用户没有选择对象时，该面板不显示任何参数，如图1-14所示。

图1-14

1.4 课堂实例：创建对象

本节主要讲解如何在中文版Cinema 4D 2024中创建并修改对象。

视频
名称　视频文件>第1章> 创建对象.mp4

微课视频

制作思路

（1）创建立方体模型。
（2）修改立方体模型的参数。

操作步骤

（1）启动中文版Cinema 4D 2024，单击"立方体"按钮，如图1-15所示。在场景中创建一个立方体模型，如图1-16所示。

（2）在"属性"面板的"基本属性"组中，可以更改立方体模型的"名称"，并设置"视窗可见"和"渲染器可见"属性。其中，"视窗可见"用于控制所选对象在视图中显示或者隐藏，"渲染器可见"用于控制所选对象是否可被渲染器渲染。单击"视窗可见"后面的"关闭"按钮（见图1-17），场景中的立方体将处于隐藏状态。

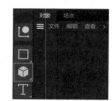

图1-15

（3）观察"对象"面板，可以看到立方体模型名称后面上方的圆点呈红色显示状态，如图1-18所示。

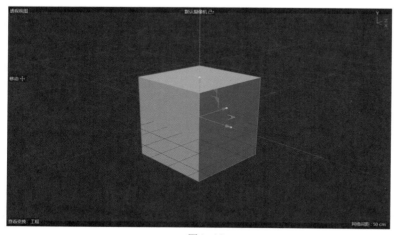

图1-16

图1-17

图1-18

技巧与提示

通常，在"对象"面板中单击对象名称后面的圆点来设置对象的隐藏或显示会更加方便。另外，单击名称后面的对号，也可以设置对象的隐藏或显示。

（4）设置"显示颜色"为"自定义"，可以更改"颜色"来控制立方体模型在视图中的显示颜色，如图1-19所示。图1-20所示为设置"颜色"为红色后的立方体模型显示效果。

Cinema 4D 2024三维建模实战教程（全彩微课版）

图1-19

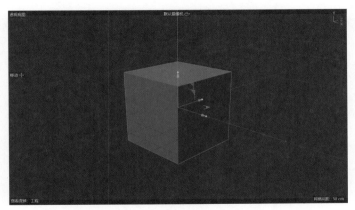

图1-20

（5）在"属性"面板的"坐标"组的"变换"卷展栏中，可以查看立方体模型的位置坐标、旋转角度及缩放大小，如图1-21所示。

（6）在"属性"面板的"对象属性"组中设置"尺寸.X"为100cm，"分段X"为2，如图1-22所示。

图1-21

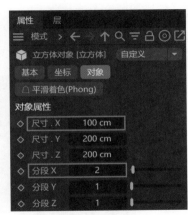

图1-22

（7）执行菜单栏中的"显示>光影着色（线条）"命令，如图1-23所示，可以显示出立方体模型的线条效果，如图1-24所示。

图1-23

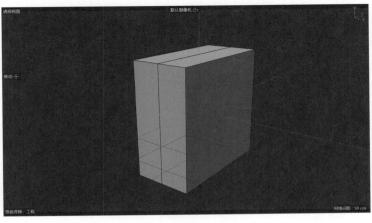

图1-24

技巧与提示 要显示线条，可以先按下N键，再按下B键。

1.5 课堂实例：视图控制

本节主要讲解如何在中文版Cinema 4D 2024中进行视图控制。

视频
名称　视频文件>第1章> 视图控制.mp4

 制作思路

（1）创建立方体模型。
（2）进行视图控制。

 操作步骤

（1）启动中文版Cinema 4D 2024，单击"立方体"按钮，在场景中创建一个立方体模型，如图1-25所示。

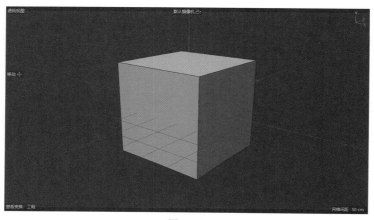

图1-25

（2）滑动鼠标滚轮，可以推远或者拉近视图，如图1-26和图1-27所示。

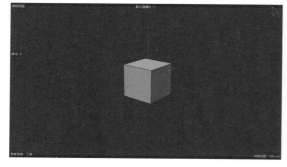

图1-26

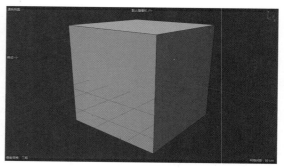

图1-27

8

Cinema 4D 2024三维建模实战教程（全彩微课版）

技巧与提示 按住Alt键+鼠标右键，也可以推远/拉近视图。

（3）按住Alt键+鼠标中键，可以平移视图，如图1-28所示。
（4）按住Alt键+鼠标左键，可以旋转视图来观察场景中的模型，如图1-29所示。

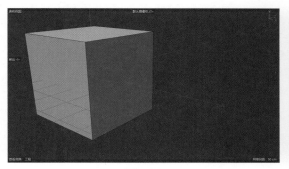 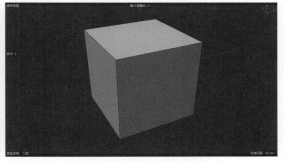

图1-28   图1-29

（5）按下鼠标中键，可以将当前的"透视视图"切换为四视图显示状态，如图1-30所示。
（6）在"正视图"中按下鼠标中键，将该视图最大化显示后，按下N键，再按下C键，可以将视图切换至"快速着色"，如图1-31所示。

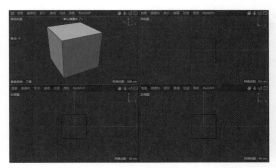 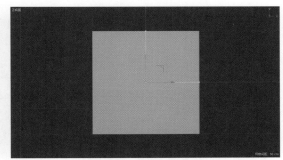

图1-30   图1-31

（7）执行菜单栏中的"摄像机>透视视图"命令，可将"正视图"切换回"透视视图"，如图1-32所示。

 **技巧与提示** 这里还可以按住视窗右上方的对应图标来对视图进行"平移""推远/拉近""旋转"及4视图切换操作，如图1-33所示。

 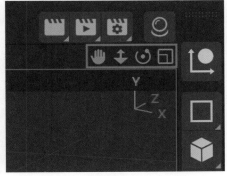

图1-32   图1-33

1.6 课堂实例：变换对象

本节主要讲解如何在中文版Cinema 4D 2024中变换对象。

视频
名称　视频文件>第1章> 变换对象.mp4

微
课
视
频

制作思路

（1）创建球体模型。
（2）更改模型的位置、角度及大小。

操作步骤

（1）启动中文版Cinema 4D 2024，单击"球体"按钮（见图1-34），在场景中创建一个球体模型。

（2）按N键，再按D键，将视图设置为"快速着色（线条）"，观察球体模型的边线效果，如图1-35所示。

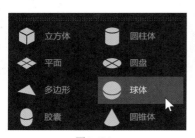

图1-34

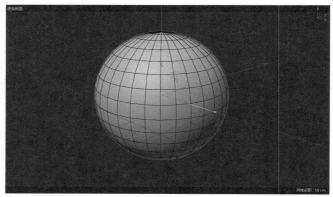

图1-35

（3）观察工作界面左侧的工具栏，可以看到"移动"按钮默认处于被按下的状态，如图1-36所示。也就是说，此时可以直接更改球体模型的位置，如图1-37所示。

图1-36

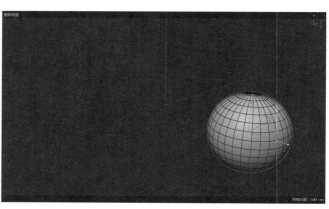

图1-37

Cinema 4D 2024三维建模实战教程（全彩微课版）

（4）单击"旋转"按钮，如图1-38所示。这里可以使用"旋转工具"更改球体模型的角度，如图1-39所示。

图1-38
图1-39

（5）单击"缩放"按钮，如图1-40所示。这里可以使用"缩放工具"更改球体模型的大小，如图1-41所示。

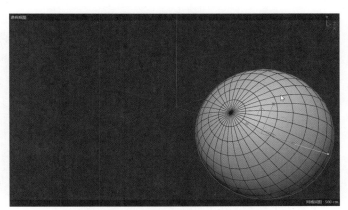

图1-40
图1-41

（6）按W键，可以控制坐标系统在全局或对象之间切换，如图1-42所示。

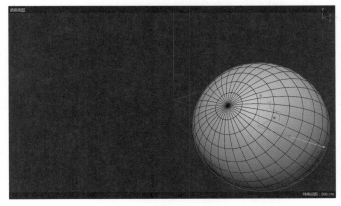

图1-42

（7）选中球体模型，单击鼠标右键并执行"框显选择中的对象"命令，如图1-43所示。此时可在视图中最大化选中的球体模型，如图1-44所示。

图1-43　　　　　　　　　　　　　　　　　　　　图1-44

> 💡 **技巧与提示**　"移动"工具的快捷键是E。
> "旋转"工具的快捷键是R。
> "缩放"工具的快捷键是T。

（8）在"属性"面板的"坐标"组中可以看到模型的"变换"数值，如图1-45所示。

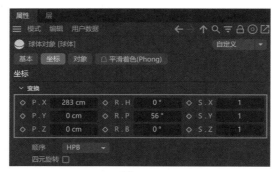

图1-45

1.7　课堂实例：复制对象

本节主要讲解如何在中文版Cinema 4D 2024中复制对象。

 视频名称　视频文件>第1章> 复制对象.mp4

 微课视频

 制作思路

（1）创建圆锥体模型。
（2）复制锥体。

 操作步骤

（1）启动中文版Cinema 4D 2024，单击"圆锥体"按钮，如图1-46所示。

（2）在场景中创建一个圆锥体模型，如图1-47所示。

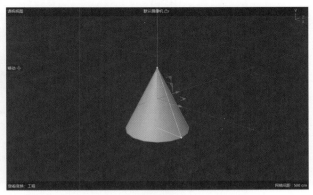

图1-46　　　　　　　　　　　　　　　　图1-47

（3）按住快捷键Ctrl，配合"移动"工具复制出一个新的圆锥体模型，如图1-48所示。

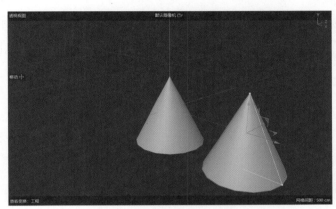

图1-48

技巧与提示　这里复制对象时，一定要先松开鼠标，再松开Ctrl键，才可以复制出一个新的对象。如果先松开Ctrl键，则无法复制对象。

（4）如果要原地复制模型，要在选中模型后，先按Ctrl+C组合键，再按Ctrl+V组合键，然后使用"移动"工具将其拖出，如图1-49所示。

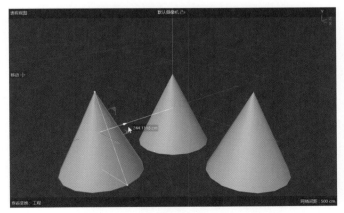

图1-49

（5）单击工作界面上方右侧的+号，如图1-50所示，新建一个场景文件，如图1-51所示。

图1-50

图1-51

（6）在新建的场景中按Ctrl+V组合键，可以把刚刚复制的对象粘贴至新的场景文件中，从而实现场景合并操作，如图1-52所示。

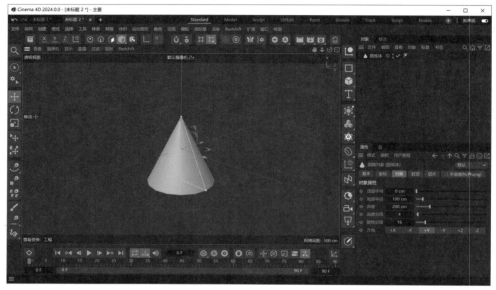

图1-52

Cinema 4D 2024三维建模实战教程（全彩微课版）

第2章 多边形建模

本章导读

本章将介绍中文版Cinema 4D 2024的多边形建模技术。在本章中，笔者通过典型的实例详细讲解常用多边形建模工具的使用方法。本章是非常重要的章节，请读者务必认真学习。

学习要点

- ❖ 了解多边形建模的思路
- ❖ 掌握多边形建模技术
- ❖ 学习创建规则的多边形模型
- ❖ 学习创建不规则的多边形模型

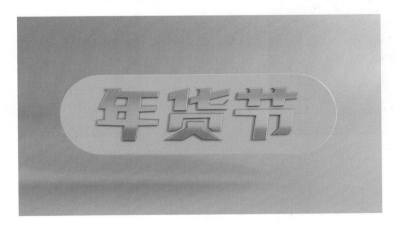

2.1 多边形建模概述

多边形由顶点和连接它们的边来定义形体的结构，多边形的内部区域称为面，多边形建模技术聚焦于对多边形的顶点、边和面进行编辑。经过几十年的应用发展，多边形建模技术如今被广泛应用于电影、游戏、虚拟现实等动画模型的开发制作。中文版Cinema 4D 2024提供了多种建模工具，以帮助用户在软件中解决各种各样复杂形体模型的构建。图2-1和图2-2所示为使用多边形建模技术制作的三维模型。

图2-1

图2-2

2.2 创建几何体

中文版Cinema 4D 2024为用户提供了多种不同的几何体模型，如图2-3所示。单击这些几何体模型按钮，可以在场景中创建出对应的几何体模型。此外，单击图2-3上方双排虚线的位置，这些按钮会以面板的方式显示，如图2-4所示。

图2-3

图2-4

2.2.1 圆柱体

单击"圆柱体"按钮，即可在场景中创建一个圆柱体模型，如图2-5所示。

在"属性"面板的"对象属性"组中，其参数设置如图2-6所示。

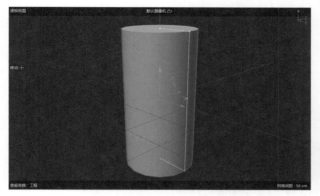

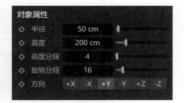

图2-5　　　　　　　　　　　图2-6

 工具解析

半径：用于设置圆柱体的半径。
高度：用于设置圆柱体的高度。
高度分段：用于设置圆柱体高度上的分段。
旋转分段：用于设置圆柱体横截面上的扇形分段。
方向：用于设置圆柱体的方向。

技巧与提示　本书第一章已经详细讲解了立方体模型的基本参数，此处不再重复讲解。

2.2.2　平面

单击"平面"按钮，即可在场景中创建一个平面模型，如图2-7所示。
在"属性"面板的"对象属性"组中，其参数设置如图2-8所示。

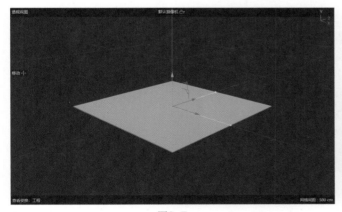

图2-7　　　　　　　　　　　图2-8

工具解析

宽度：用于设置平面的宽度。

高度：用于设置平面的高度。
宽度分段：用于设置平面宽度上的分段。
高度分段：用于设置平面高度上的分段。
方向：用于设置平面的方向。

2.2.3 球体

单击"球体"按钮，即可在场景中创建一个球体模型，如图2-9所示。

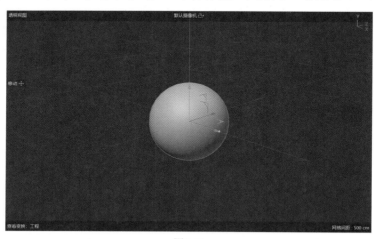

图2-9

在"属性"面板的"对象属性"组中，其参数设置如图2-10所示。

🖱 工具解析

半径：用于设置球体的半径。
分段：用于设置球体的分段数。
类型：用于设置球体的类型。默认为"标准"，用户还可以设置球体为其他类型，如图2-11所示。

图2-10

图2-11

2.2.4 人形素体

单击"人形素体"按钮，即可在场景中创建一个人偶模型，如图2-12所示。
在"属性"面板的"对象属性"组中，其参数设置如图2-13所示。

Cinema 4D 2024三维建模实战教程（全彩微课版）

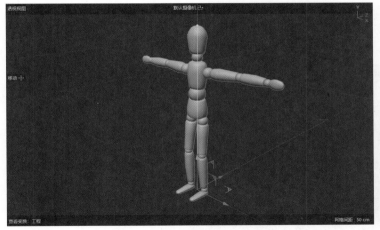

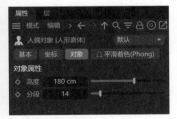

图2-12

图2-13

工具解析

高度：用于设置人偶的高度。
分段：用于设置人偶的分段数。

2.2.5 地形

单击"地形"按钮，即可在场景中创建一个地形模型，如图2-14所示。
在"属性"面板的"对象属性"组中，其参数设置如图2-15所示。

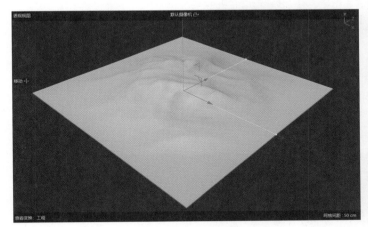

图2-14

图2-15

工具解析

尺寸：用于设置地形X、Y、Z 3个方向上的尺寸。
宽度分段：用于设置地形宽度上的分段数。
深度分段：用于设置地形深度上的分段数。
粗糙褶皱：用于设置地形上较大起伏区域的褶皱效果。
精细褶皱：用于设置地形上细微处的褶皱效果。

缩放：用于设置褶皱的缩放效果。

海平面：用于模拟海面中的地形。图2-16和图2-17所示为该值分别是0%和70%时的地形显示效果。

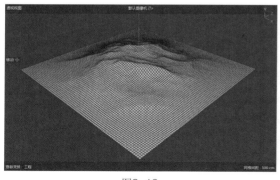 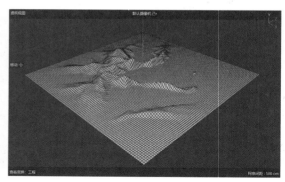

图2-16 图2-17

地平面：用于控制地形顶部的平面范围。图2-18和图2-19所示为该值分别是40%和60%时的地形显示效果。

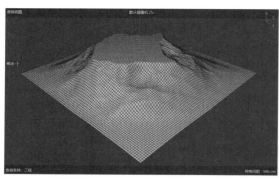 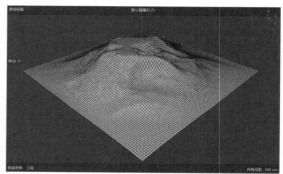

图2-18 图2-19

方向：用于设置地形的方向。

随机：用于设置地形的随机效果。

限于海平面：用于控制地形边缘的平面效果。图2-20和图2-21所示分别为勾选该复选框前后的地形显示效果。

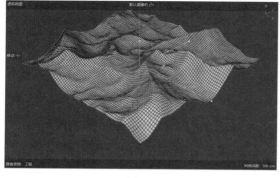 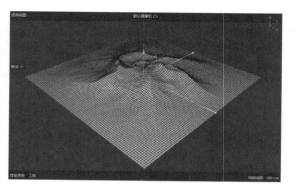

图2-20 图2-21

球状：勾选该复选框后，地形呈球状效果，用于模拟制作石块、陨石等模型，如图2-22所示。

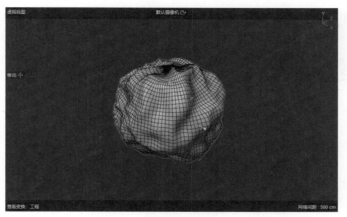

图2-22

2.3 可编辑对象

如果要对场景中的模型进行修改编辑，则需要将模型转为可编辑对象，这样建模师就可以使用各种各样的建模工具对模型进行修改了。需要注意的是，当模型转为可编辑对象后，其"对象属性"组中的参数将消失。

2.3.1 转为可编辑对象

单击工作界面工具栏中的"转为可编辑对象"按钮（见图2-23），即可将参数化的模型转为可编辑的多边形对象。或者选中模型，单击鼠标右键，在弹出的快捷菜单中选择"转为可编辑对象"命令（见图2-24），即可对所选模型进行转换。

图2-23

图2-24

 技巧与提示　"转为可编辑对象"命令的快捷键是C。

将模型转为可编辑对象后，观察"对象"面板，可以看到模型的图标类型也会发生相应的改变。图2-25和图2-26所示分别为球体模型转为可编辑多边形对象前后的图标显示效果。

图2-25

图2-26

2.3.2 选择模式

多边形对象的选择模式分为"点模式""边模式""面模式""模型模式""纹理模式"这5种，用户可以单击工作界面上方的对应按钮在这5种模式之间切换，如图2-27所示。

图2-27

2.3.3 软选择

单击"软选择"按钮，用户可以选择少量的点/边线/面来影响与其相邻的点/边线/面，如图2-28和图2-29所示。

图2-28

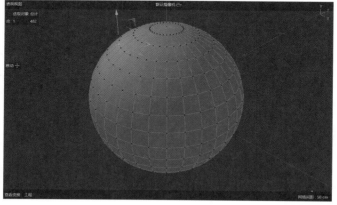

图2-29

2.3.4 常用编辑工具

当用户进入模型的"点模式""边模式"或"面模式"后，可以在工作界面左侧的工具栏中找到较为常用的模型编辑工具按钮，如图2-30所示。

工具解析

多边形画笔：可以绘制的方式创建多边形。

创建点：可为多边形对象添加顶点。

封闭多边形孔洞：用于封闭多边形上的孔洞。

倒角：用于对所选择的边线进行倒角。

挤压：用于对所选择的面沿法线方向进行挤压。

加厚：用于对所选择的面进行加厚。

嵌入：用于在所选择的面上嵌入一个面。

桥接：用于对所选择的面进行桥接。

细分曲面权重：用于调整分析曲面的权重。

焊接：用于对所选择的顶点进行焊接。

阵列：用于对所选择的面进行阵列复制。

线性切割：用于对模型进行线性切割。

熨烫：用于对模型的整体进行膨胀/内缩计算。

适配圆：用于改变所选择的面的形状，使其适配圆形。

图2-30

2.4 课堂实例：制作桌子模型

本课堂实例主要讲解如何使用多边形建模技术来制作桌子模型，最终渲染效果如图2-31所示。

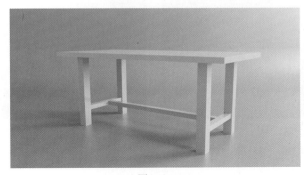

图2-31

效果文件　桌子.c4d

视频名称　视频文件>第2章> 制作桌子模型.mp4

制作思路

（1）创建立方体模型。

（2）使用合适的工具来制作桌子模型。

🖱 **操作步骤**

（1）启动中文版Cinema 4D 2024，单击"立方体"按钮（见图2-32），在场景中创建一个作为桌面的立方体模型。

（2）在"属性"面板中设置"尺寸.X"为120cm，"尺寸.Y"为3cm，"尺寸.Z"为60cm，如图2-33所示。

图2-32

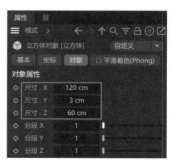

图2-33

（3）设置完成后，立方体模型的视图显示效果如图2-34所示。

（4）按快捷键C键，将其转换为多边形后，使用"循环/路径切割"工具为其添加边线，得到图2-35所示的模型效果。

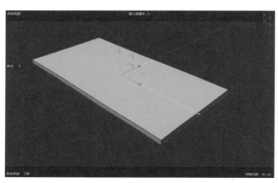

图2-34

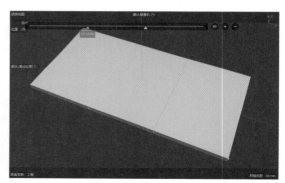

图2-35

（5）使用"缩放"工具调整边线至图2-36所示的位置。

（6）以同样的操作步骤为立方体模型的另一侧添加边线，如图2-37所示。

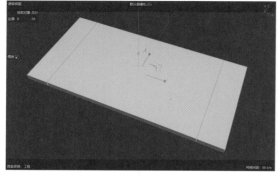

图2-36

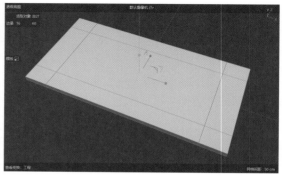

图2-37

（7）选中图2-38所示的边线，使用"倒角"工具制作出图2-39所示的模型效果。

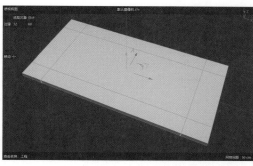
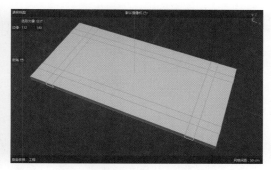

图2-38   图2-39

（8）选中图2-40所示的面，多次使用"挤压"工具制作出桌子腿部结构，如图2-41所示。

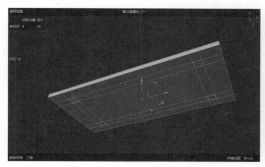
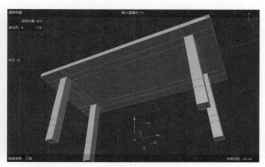

图2-40   图2-41

（9）选中图2-42所示的面，使用"嵌入"工具制作出图2-43所示的模型效果。

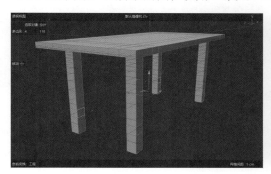
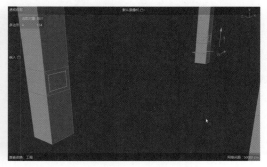

图2-42   图2-43

（10）使用"桥接"工具对所选的面进行桥接，制作出图2-44所示的模型效果。

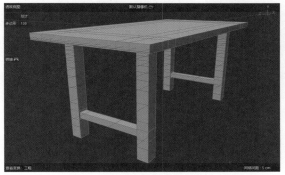

图2-44

（11）使用"循环/路径切割"工具，在图2-45所示的位置添加边线。

（12）选中图2-46所示的面，使用"桥接"工具对所选的面进行桥接，制作出图2-47所示的模型效果。

（13）在"模型模式"中观察制作的桌子模型，效果如图2-48所示。

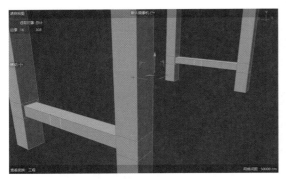

图2-45

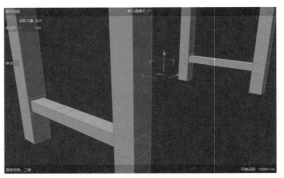

图2-46

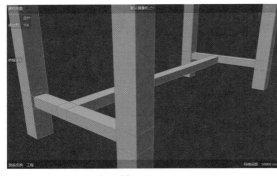

图2-47

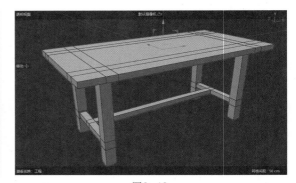

图2-48

（14）选中桌子模型，按住Shift键，单击"倒角"按钮（见图2-49），为其添加"倒角"变形器。

（15）观察"对象"面板，可以看到立方体名称下方多了一个"倒角"变形器，如图2-50所示。

图2-49

图2-50

（16）在"属性"面板中设置"偏移"为0.1cm，如图2-51所示。设置完成后，观察桌子模型边缘位置的模型，效果如图2-52所示。

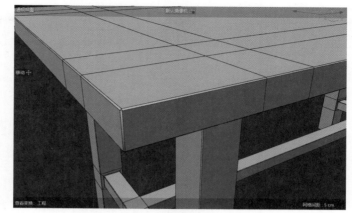

图2-51

图2-52

（17）单击"连接对象+删除"按钮，如图2-53所示。将"对象"面板中的"倒角"变形器应用并删除后，更改桌子模型的名称为"桌子"，如图2-54所示。

图2-53

图2-54

（18）本实例最终制作完成的模型效果如图2-55所示。

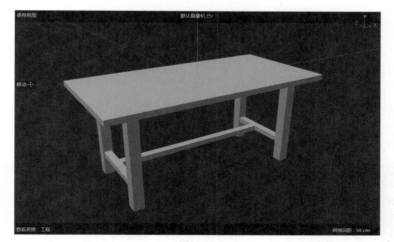

图2-55

 技巧与提示　有关材质、灯光及渲染方面的设置技巧及操作步骤，请读者参阅本书对应的章节进行学习。

2.5 课堂实例：制作圆凳模型

本课堂实例主要讲解如何使用多边形建模技术来制作圆凳模型，最终渲染效果如图2-56所示。

图2-56

效果文件	圆凳.c4d

视频名称	视频文件>第2章> 制作圆凳模型.mp4

微课视频

制作思路

（1）使用简单的几何体模型制作出圆凳的基本形态。
（2）对圆凳模型的边角进行圆滑处理，增加模型的细节。

操作步骤

2.5.1 制作凳子面模型

（1）启动中文版Cinema 4D 2024，单击"圆柱体"按钮（见图2-57），在场景中创建一个圆柱体模型。
（2）在"属性"面板中设置"半径"为10cm，"高度"为3cm，如图2-58所示。

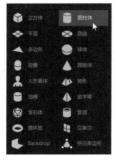

图2-57

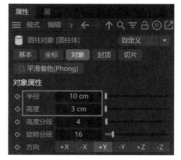

图2-58

（3）设置完成后，圆柱体模型的视图显示效果如图2-59所示。

（4）选中圆柱体模型，按住Shift键，单击"倒角"按钮（见图2-60），为其添加"倒角"变形器。

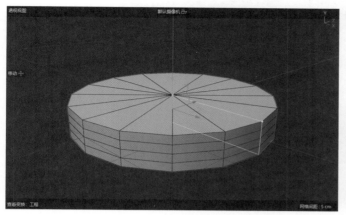

图2-59

图2-60

（5）在"属性"面板中设置"偏移"为0.35cm，"细分"为2，如图2-61所示。设置完成后，观察圆柱体模型边缘位置的模型，效果如图2-62所示。

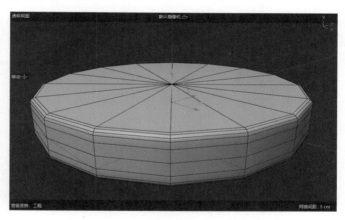

图2-61

图2-62

（6）选中圆柱体模型，按住Alt键，单击"细分曲面"按钮（见图2-63），为其添加"细分曲面"生成器。

（7）设置完成后，观察"对象"面板，查看圆柱体与"倒角"变形器和"细分曲面"生成器的层级关系，如图2-64所示。

图2-63

图2-64

（8）本实例最终制作完成的凳子面模型效果如图2-65所示。

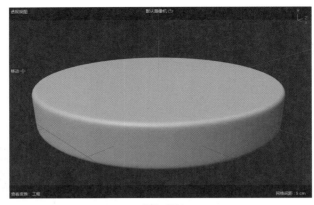

图2-65

2.5.2 制作凳子腿模型

（1）单击"圆柱体"按钮，如图2-66所示。在场景中再次创建一个圆柱体模型，用来制作凳子腿模型。

（2）在"属性"面板中设置"半径"为2cm，"高度"为18cm，"高度分段"为1，如图2-67所示。

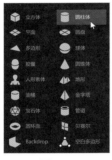

图2-66

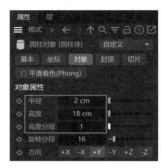

图2-67

（3）设置完成后，用鼠标沿Y轴向下移动圆柱体模型至图2-68所示的位置。

（4）按快捷键C键，将其转换为可编辑多边形后，选中圆柱体上的所有面，在"正视图"中将其调整至图2-69所示的位置。

图2-68

图2-69

（5）选择如图2-70所示的顶点，使用"移动"工具和"缩放"工具将圆柱体的位置和形态调整为如图2-71所示的效果。

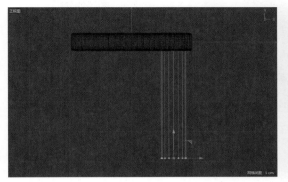
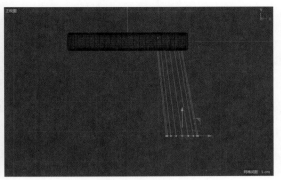

图2-70   图2-71

（6）选中图2-72所示的边线，使用"倒角"工具制作出图2-73所示的模型效果。

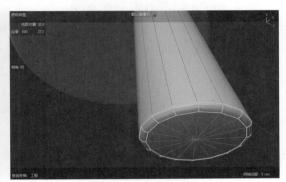

图2-72   图2-73

（7）在"模型模式"中按住Alt键，单击"对称"按钮，如图2-74所示。为凳子腿模型添加"对称"生成器，制作出凳子腿模型的对称结构，如图2-75所示。

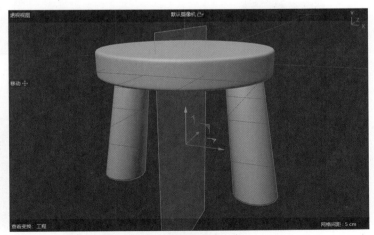

图2-74   图2-75

（8）在"模型模式"中按住Alt键，单击"细分曲面"按钮，如图2-76所示。为凳子腿模型添加"细分曲面"生成器，使得凳子腿模型更加光滑。

（9）对凳子腿模型进行复制并旋转90度，得到另外两个凳子腿的模型效果，如图2-77所示。

图2-76

图2-77

（10）设置完成后，"对象"面板中的显示效果如图2-78所示。

（11）将场景中构成圆凳的模型全部选中，如图2-79所示。

图2-78

图2-79

（12）单击"连接对象+删除"按钮（见图2-80），即可将其合并为一个对象。

（13）在"对象"面板中更改凳子模型的名称为"圆凳"，如图2-81所示。

图2-80

图2-81

（14）本实例最终制作完成的模型效果如图2-82所示。

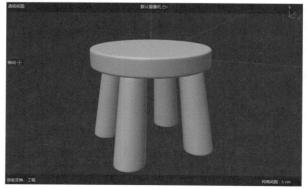

图2-82

Cinema 4D 2024三维建模实战教程（全彩微课版）

课堂实例：制作烧杯模型

本课堂实例主要讲解如何使用多边形建模技术来制作烧杯模型，最终渲染效果如图2-83所示。

图2-83

效果
文件　　烧杯.c4d

视频
名称　　视频文件>第2章> 制作烧杯模型.mp4

（1）制作出烧杯模型的大概效果。
（2）使用合适的工具刻画烧杯模型的细节。

操作步骤

（1）启动中文版Cinema 4D 2024，单击"圆柱体"按钮（见图2-84），在场景中创建一个圆柱体模型。
（2）在"属性"面板的"对象属性"组中设置"半径"为3cm，"高度"为7cm，如图2-85所示。

图2-84

图2-85

（3）在"属性"面板的"封顶"组中勾选"圆角"复选框，设置"半径"为0.5cm，如图2-86所示。

（4）设置完成后，圆柱体模型的视图显示效果如图2-87所示。

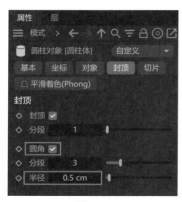
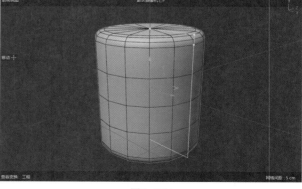

图2-86 图2-87

（5）按快捷键C键，将其转换为多边形后，选中图2-88所示的面并将其删除，得到图2-89所示的模型效果。

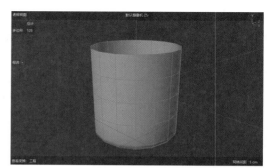

图2-88 图2-89

（6）选中圆柱体上的所有面，如图2-90所示。使用"加厚"工具制作出烧杯模型的厚度，如图2-91所示。

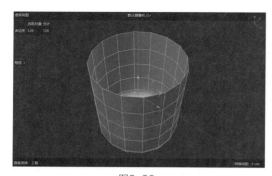
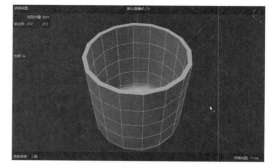

图2-90 图2-91

 **技巧与提示** 圆柱体上的所有面可以使用"框选"工具来框选，也可以按Ctrl+A组合键进行全选。

（7）使用"循环/路径切割"工具在烧杯杯口位置添加循环边线，如图2-92所示。

（8）使用"缩放"工具调整杯口位置的边线形状，如图2-93所示。

Cinema 4D 2024三维建模实战教程（全彩微课版）

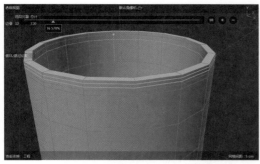

图2-92　　　　　　　　　　　　　　图2-93

（9）使用"循环/路径切割"工具再次在烧杯杯口位置添加循环边线，如图2-94所示。

（10）选中图2-95所示的顶点，使用"移动"工具将其调整至图2-96所示的位置。

图2-94　　　　　　　　　　　　　　图2-95

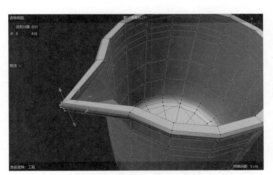

图2-96

（11）在"模型模式"中按住Alt键，单击"细分曲面"按钮，如图2-97所示。为烧杯模型添加"细分曲面"生成器，使模型更加光滑。

（12）在"属性"面板的"对象属性"组中设置"视窗细分"为3，"渲染器细分"为3，如图2-98所示。

图2-97　　　　　　　　　　　　　图2-98

（13）本实例最终制作完成的模型效果如图2-99所示。

图2-99

2.7 课堂实例：制作笔筒模型

本课堂实例主要讲解如何使用多边形建模技术来制作一个镂空的笔筒模型，最终渲染效果如图2-100所示。

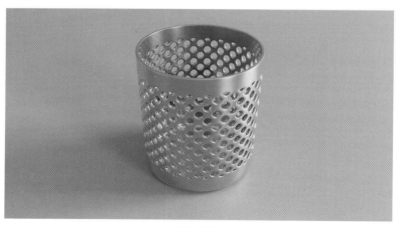

图2-100

效果
文件　　笔筒.c4d

视频
名称　　视频文件>第2章> 制作笔筒模型.mp4

 **制作思路**

（1）使用柱体制作出笔筒的大概效果。
（2）使用"挑多边形"工具制作出笔筒的镂空效果。

操作步骤

（1）启动中文版Cinema 4D 2024，单击"圆柱体"按钮（见图2-101），在场景中创建一个圆柱体模型。

（2）在"属性"面板的"对象属性"组中设置"半径"为6cm，"高度"为15cm，"高度分段"为9，"旋转分段"为24，如图2-102所示。

图2-101

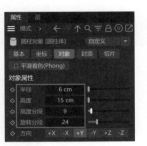

图2-102

（3）在"属性"面板的"封顶"组中设置"分段"为3，勾选"圆角"复选框，设置"半径"为0.5cm，如图2-103所示。

（4）设置完成后，圆柱体模型的视图显示效果如图2-104所示。

图2-103

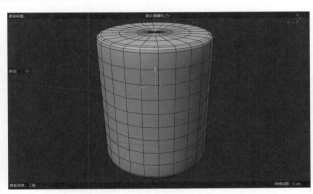

图2-104

（5）按快捷键C键，将其转换为多边形后，选中图2-105所示的面并将其删除，得到图2-106所示的模型效果。

图2-105

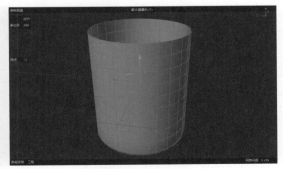

图2-106

（6）选中图2-107所示的面，单击鼠标右键并执行"挑多边形"命令（见图2-108），得到图2-109所示的模型效果。

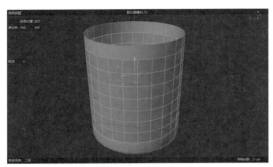

图2-107

图2-108

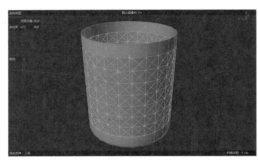

图2-109

（7）在"正视图"中使用"框选"工具选中图2-110所示的边线，单击鼠标右键并执行"消除"命令（见图2-111），得到如图2-112所示的模型效果。

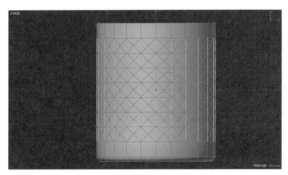

图2-110

图2-111

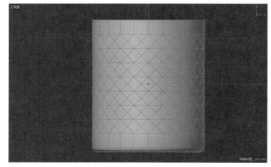

图2-112

（8）在"正视图"中使用"框选"工具选中图2-113所示的边线，再次单击鼠标右键并执行"消除"命令，得到图2-114所示的模型效果。

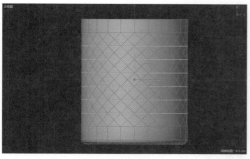
图2-113

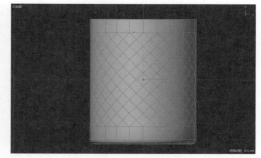
图2-114

（9）选中图2-115所示的面，使用"嵌入"工具制作出图2-116所示的模型效果。

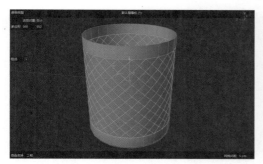
图2-115

图2-116

（10）将选中的面删除后，得到图2-117所示的模型效果。

图2-117

（11）按Ctrl+A组合键，选中模型上的所有面，如图2-118所示。使用"加厚"工具为模型加厚，制作出图2-119所示的模型效果。

图2-118

图2-119

（12）选中图2-120所示的边线，使用"倒角"工具制作出图2-121所示的模型效果。

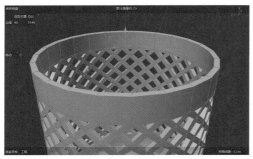
图2-120

图2-121

（13）在"模型模式"中按住Alt键，单击"细分曲面"按钮，如图2-122所示。为笔筒模型添加"细分曲面"生成器，使模型更加光滑，如图2-123所示。

图2-122

图2-123

（14）单击"连接对象+删除"按钮，如图2-124所示。将"对象"面板中的"细分曲面"生成器应用并删除后，更改笔筒模型的名称为"笔筒"，如图2-125所示。

图2-124

图2-125

（15）本实例最终制作完成的模型效果如图2-126所示。

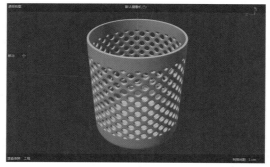
图2-126

2.8 课堂实例：制作儿童椅模型

本课堂实例主要讲解如何使用多边形建模技术来制作一把儿童椅子模型，最终渲染效果如图2-127所示。

图2-127

效果文件	儿童椅.c4d

视频名称	视频文件>第2章> 制作儿童椅模型.mp4

制作思路

（1）使用立方体制作出椅子的大概形态。
（2）使用合适的工具完善椅子模型的细节。

操作步骤

2.8.1 初步制作儿童椅模型

（1）启动中文版Cinema 4D 2024，单击"立方体"按钮（见图2-128），在场景中创建一个立方体模型。

（2）在"属性"面板中设置"尺寸.X"为50cm，"尺寸.Y"为50cm，"尺寸.Z"为50cm，"分段X"为4，"分段Y"为1，"分段Z"为4，如图2-129所示。

图2-128

图2-129

（3）设置完成后，立方体模型的视图显示效果如图2-130所示。

（4）按快捷键C键，将其转换为多边形后，选中图2-131所示的面，使用"缩放"工具将其调整至图2-132所示的大小。

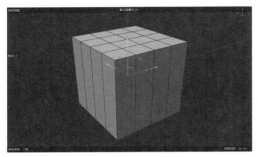
图2-130

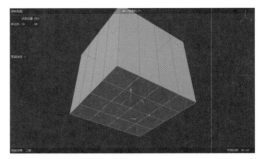
图2-131

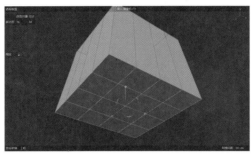
图2-132

（5）选中图2-133所示的面，使用"移动"工具将其调整至图2-134所示的位置。

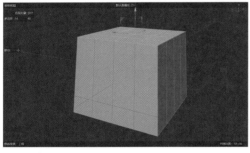
图2-133

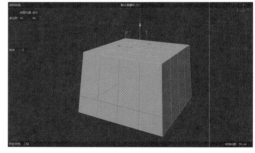
图2-134

（6）使用"缩放"工具调整立方体模型底部的顶点至图2-135所示的位置。

（7）使用"循环/路径切割"工具在图2-136所示位置添加边线。

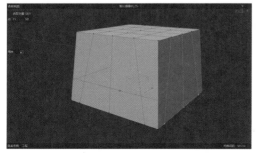
图2-135

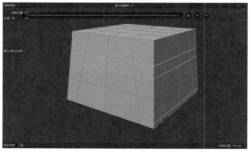
图2-136

（8）选中图2-137所示的面，将其删除，得到图2-138所示的模型效果。

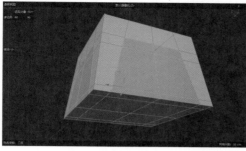

图2-137

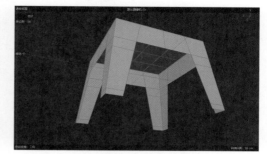

图2-138

（9）选中图2-139所示的面，使用"挤压"工具制作出图2-140所示的模型效果。

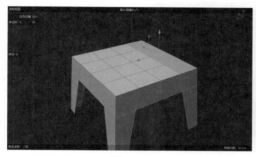

图2-139

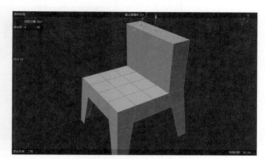

图2-140

（10）使用"缩放"工具和"移动"工具调整椅背上的顶点至图2-141所示的位置。

（11）使用"循环/路径切割"工具在图2-142所示位置添加边线。

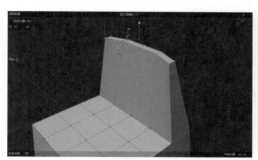

图2-141

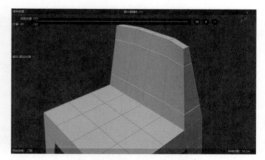

图2-142

（12）选中图2-143所示的面，将其删除，制作出椅子背面的孔洞效果，如图2-144所示。

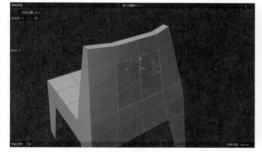

图2-143

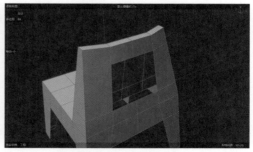

图2-144

（13）选中图2-145所示的边线，使用"挤压"工具制作出图2-146所示的模型效果。

图2-145

图2-146

（14）制作完成的儿童椅模型基本效果如图2-147所示。

图2-147

2.8.2 完善椅子模型细节

（1）选中图2-148所示的面，使用"移动"工具将其调整至图2-149所示的位置。

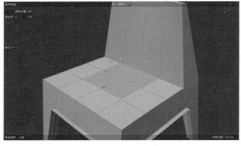
图2-148

图2-149

（2）选中图2-150所示的顶点，使用"倒角"工具制作出图2-151所示的模型效果。

图2-150

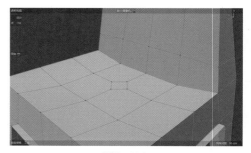
图2-151

（3）选中图2-152所示的面，将其删除，得到图2-153所示的模型效果，即制作出椅子中心的孔洞效果。

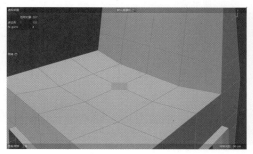
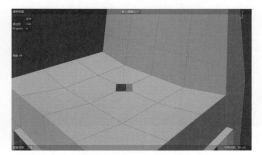

图2-152

图2-153

（4）按Ctrl+A组合键，选中模型上的所有面，如图2-154所示。

（5）使用"加厚"工具为椅子模型加厚，如图2-155所示。

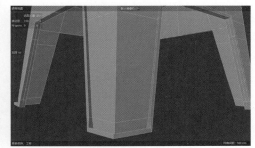

图2-154

图2-155

（6）在"模型模式"中按住Alt键，单击"细分曲面"按钮（见图2-156），为其添加"细分曲面"生成器。

（7）在"属性"面板中设置"视窗细分"为3，"渲染器细分"为3，如图2-157所示。

图2-156

图2-157

（8）本实例最终制作完成的模型效果如图2-158~图2-161所示。

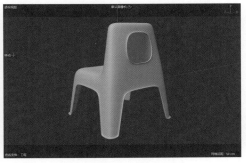

图2-158

图2-159

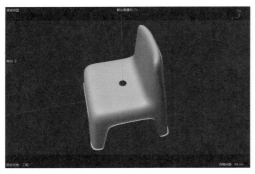

图2-160

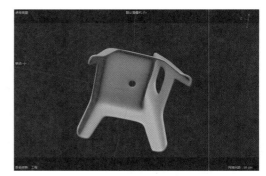

图2-161

2.9 课堂实例：制作礼物盒模型

本课堂实例主要讲解如何使用多边形建模技术来制作一个礼物盒模型，最终渲染效果如图2-162所示。

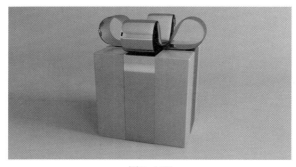

图2-162

效果文件	礼物盒.c4d

视频名称	视频文件>第2章> 制作礼物盒模型.mp4

微课视频

制作思路

（1）使用立方体制作出礼物盒模型。
（2）使用平面制作出礼物盒带子模型。

操作步骤

2.9.1 制作礼物盒模型

（1）启动中文版Cinema 4D 2024，单击"立方体"按钮（见图2-163），在场景中创建一个立方体模型。

（2）在"属性"面板中设置"尺寸.X"为30cm，"尺寸.Y"为30cm，"尺寸.Z"为30cm，"分段X"为3，"分段Y"为3，"分段Z"为3，勾选"圆角"复选框，设置"圆角半径"为0.5cm，如图2-164所示。

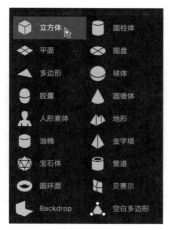

图2-163

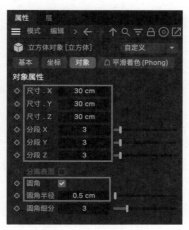

图2-164

（3）设置完成后，立方体模型的视图显示效果如图2-165所示。

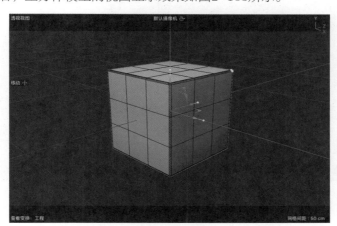

图2-165

（4）单击鼠标右键并执行"转为可编辑对象"命令，如图2-166所示。

（5）单击"循环选择"按钮，如图2-167所示。

图2-166

图2-167

（6）选中图2-168所示的面，单击鼠标右键并执行"分裂"命令（见图2-169），将选中的面分裂出来。

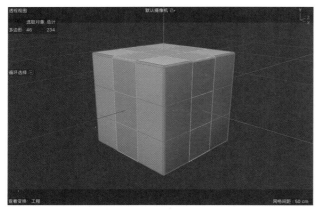

图2-168

图2-169

（7）在场景中选中刚刚分裂出来的模型，如图2-170所示。

（8）按住Alt键，单击"加厚"按钮（见图2-171），为其添加"加厚"生成器。

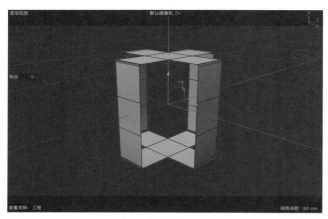

图2-170

图2-171

（9）在"属性"面板中设置"厚度"为0.5cm，如图2-172所示。

（10）设置完成后，即可制作出礼物盒表面的带子模型厚度，如图2-173所示。

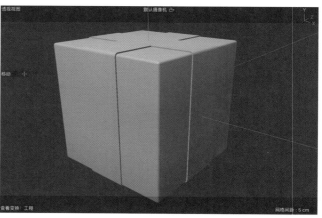

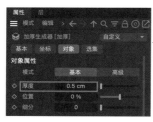

图2-172

图2-173

2.9.2 制作带子结模型

（1）单击"圆柱体"按钮（见图2-174），在场景中创建一个圆柱体模型。

（2）在"属性"面板中设置"半径"为5cm，"高度"为10cm，"高度分段"为1，"旋转分段"为12，"方向"为+X，如图2-175所示。

图2-174

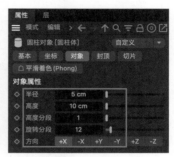

图2-175

（3）设置完成后，移动圆柱体至图2-176所示的位置。

（4）按C键，将其转为可编辑多边形后，使用"移动"工具调整圆柱体边线至图2-177所示的位置。

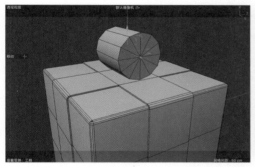

图2-176

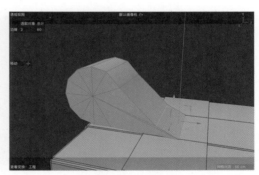

图2-177

（5）使用"循环/路径切割"工具在图2-178所示的位置添加边线。

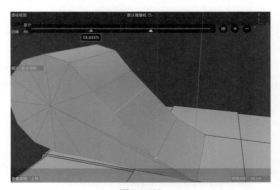

图2-178

（6）选中图2-179所示的面，将其删除，得到图2-180所示的模型效果。

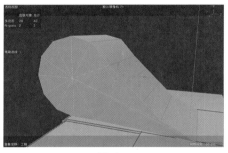
图2-179

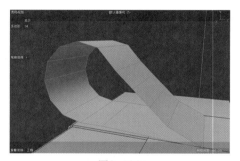
图2-180

（7）再次使用"移动"工具微调模型至图2-181所示的形状。

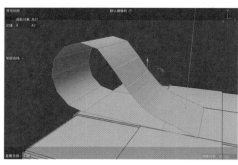
图2-181

（8）选中图2-182所示的边线，使用"倒角"工具制作出图2-183所示的模型效果。

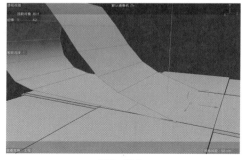
图2-182

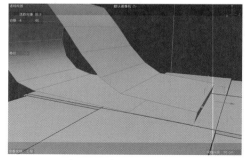
图2-183

（9）在"模型模式"中按住Alt键，单击"加厚"按钮（见图2-184），为其添加"加厚"生成器。

（10）在"属性"面板中设置"厚度"为0.5cm（见图2-185），得到图2-186所示的模型效果。

图2-184

图2-185

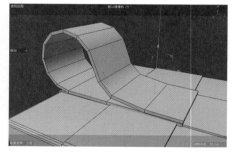
图2-186

（11）按住Alt键，单击"对称"按钮（见图2-187），为其添加"加厚"生成器。

（12）在"属性"面板中设置"类型"为"径向"，"切片数量"为4，取消勾选"沿平面切"复选框，如图2-188所示。

图2-187　　　　　　　　　　　　　　图2-188

（13）设置完成后，礼物盒上的带子结模型效果如图2-189所示。

（14）按住Alt键，单击"细分曲面"按钮（见图2-190），为其添加"细分曲面"生成器。

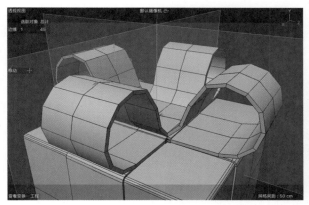

图2-189　　　　　　　　　　　　　　图2-190

（15）设置完成后，礼物盒上的带子结模型效果如图2-191所示。

（16）本实例最终制作完成的模型效果如图2-192所示。

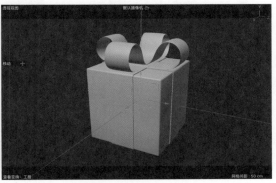

图2-191　　　　　　　　　　　　　　图2-192

2.10 课堂实例：制作卡通云朵模型

本课堂实例主要讲解如何使用"融球"工具制作一个卡通云朵模型，最终渲染效果如图2-193所示。

图2-193

效果
文件 云朵.c4d

视频
名称 视频文件>第2章> 制作卡通云朵模型.mp4

微课视频

制作思路

（1）使用球体制作出云朵的大概形状。
（2）使用"融球"工具制作出云朵模型。

操作步骤

（1）启动中文版Cinema 4D 2024，单击"球体"按钮，如图2-194所示。在场景中创建一个球体模型，如图2-195所示。

图2-194

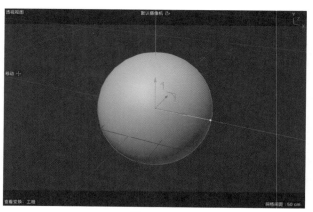

图2-195

（2）选中球体模型，按住Ctrl键，使用"移动"工具以拖动的方式对其进行多次复制，如图2-196所示。

（3）微调每个球体至图2-197所示的大小，制作出云朵模型的大概形状。

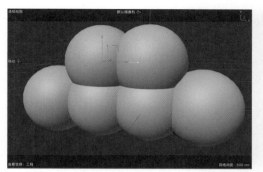
图2-196

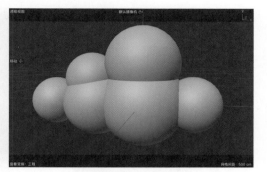
图2-197

（4）单击"融球"按钮（见图2-198），在场景中创建一个"融球"生成器。

（5）在"对象"面板中将场景中的球体模型设置为融球的子对象，如图2-199所示。

图2-198

图2-199

（6）设置完成后，融球的视图显示效果如图2-200所示。

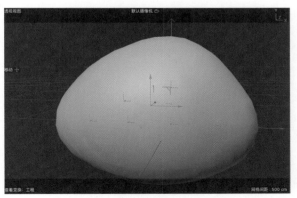
图2-200

（7）在"属性"面板中设置"外壳数值"为300%，"视窗细分"为10cm，"渲染细分"为10cm，如图2-201所示。

（8）设置完成后，融球的视图显示效果如图2-202所示。

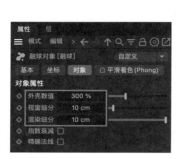

图2-201

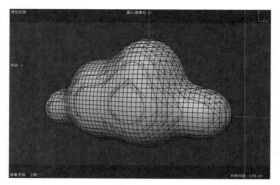

图2-202

（9）选中融球，单击"转为可编辑对象"按钮（见图2-203），将其转为可编辑对象。

（10）本实例最终制作完成的模型效果如图2-204所示。

图2-203

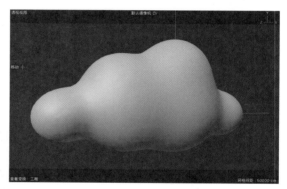

图2-204

2.11 课堂实例：制作数字气球模型

本课堂实例主要讲解如何使用多边形建模技术配合动力学模拟技术来制作一个数字气球模型，最终渲染效果如图2-205所示。

图2-205

效果文件	数字气球.c4d
视频名称	视频文件>第2章> 制作数字气球模型.mp4

🖱 制作思路

（1）使用文本制作出数字3模型。
（2）使用布料标签制作出模型边缘缝合效果。
（3）使用多边形建模技术修改完善模型。

🖱 操作步骤

（1）启动中文版Cinema 4D 2024，单击"文本"按钮，如图2-206所示。在场景中创建一个文本模型，如图2-207所示。

（2）在"属性"面板的"文本样条"文本框中输入3，设置"字体"为Arial Black，如图2-208所示。

图2-206

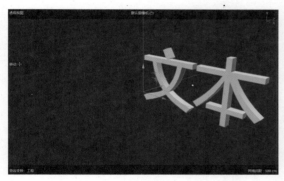

图2-207

图2-208

（3）设置完成后，即可在场景中得到一个数字3的立体模型，如图2-209所示。

（4）在"封顶和斜角"卷展栏中设置"细分"为Delaunay，"尺寸"为3cm，如图2-210所示。

图2-209

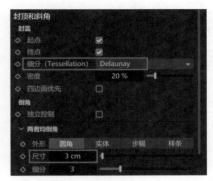

图2-210

（5）观察模型的边线效果，如图2-211所示。

（6）选中数字3模型，单击鼠标右键并执行"连接对象+删除"命令，如图2-212所示。

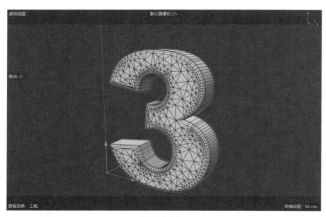

图2-211

图2-212

（7）在"对象"面板中单击鼠标右键并执行"模拟标签/布料"命令，将其设置为布料。设置完成后，其名称后面会出现一个布料标签，如图2-213所示。

（8）选中图2-214所示的面，在"属性"面板中单击"缝合面"后面的"设置"按钮，如图2-215所示。此时立方体模型的视图显示效果如图2-216所示。

图2-213

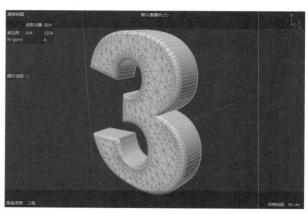

图2-214

图2-215

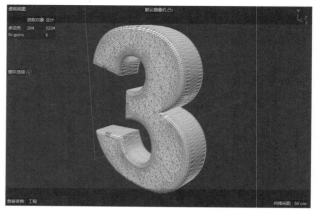

图2-216

（9）在"属性"面板中先设置"宽度"为1cm，再单击"收缩"按钮，如图2-217所示，得到图2-218所示的抱枕模型效果。

图2-217

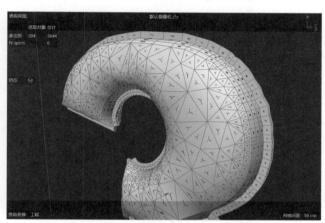

图2-218

（10）在"模型模式"中选中数字3模型，单击鼠标右键并执行"连接对象+删除"命令，如图2-219所示。

（11）使用"挤压"工具对选中的面进行挤压，得到图2-220所示的模型效果。

图2-219

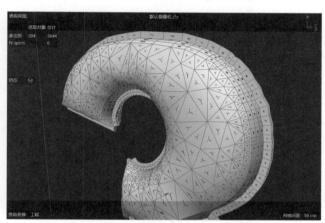

图2-220

（12）按住Alt键，单击"细分曲面"按钮（见图2-221），为数字3模型添加"细分曲面"生成器。

（13）本实例最终制作完成的模型效果如图2-222所示。

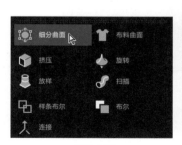

图2-221

图2-222

2.12 课堂实例：制作足球模型

本课堂实例主要讲解如何使用多边形建模技术来制作一个足球模型，最终渲染效果如图2-223所示。

图2-223

效果文件	足球.c4d
视频名称	视频文件>第2章> 制作足球模型.mp4

制作思路

（1）使用宝石体制作出足球的大概形状。
（2）使用多边形建模技术修改完善足球模型的细节。

操作步骤

（1）启动中文版Cinema 4D 2024，单击"宝石体"按钮（见图2-224），在场景中创建一个宝石体模型。

（2）在"属性"面板中设置"类型"为"碳原子"，如图2-225所示。

图2-224

图2-225

（3）设置完成后，宝石体模型的视图显示效果如图2-226所示。

（4）按快捷键C，将其转为可编辑对象后，进入"边模式"，执行菜单栏中的"选择>选择平滑着色断开"命令，得到图2-227所示的模型显示效果。

图2-226

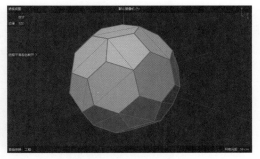
图2-227

（5）在"属性"面板中单击"全选"按钮，如图2-228所示。宝石体的视图显示效果如图2-229所示。

图2-228

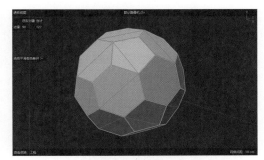
图2-229

（6）执行菜单栏中的"选择>反选"命令，宝石体的视图显示效果如图2-230所示。

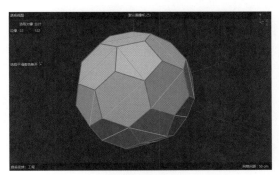
图2-230

（7）单击鼠标右键并执行"消除"命令（见图2-231），得到图2-232所示的模型效果。

图2-231

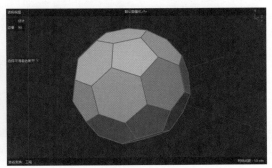
图2-232

（8）使用"框选"工具选中模型上所有的边线，如图2-233所示。使这些边线保持选中的状态后，再选中模型上的所有面，如图2-234所示。

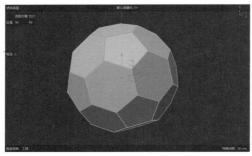
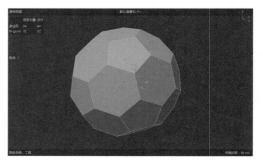

图2-233　　　　　　　　　　　　　　　　　　图2-234

（9）单击鼠标右键，然后单击"细分"后面齿轮形状的设置按钮，如图2-235所示。

（10）在弹出的"细分"对话框中设置"细分"为3，如图2-236所示。

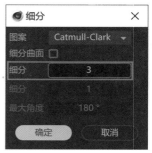

图2-235　　　　　　　　　　　　　　　　　图2-236

（11）单击"确定"按钮，得到图2-237所示的模型效果。

（12）在"模型模式"中按住Shift键，单击"球化"按钮，如图2-238所示。

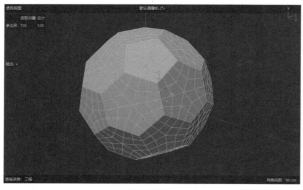

图2-237　　　　　　　　　　　　　　　　　图2-238

（13）在"属性"面板中设置"强度"为100%，"半径"为11cm（见图2-239），得到图2-240

Cinema 4D 2024三维建模实战教程（全彩微课版）

所示的模型效果。

图2-239

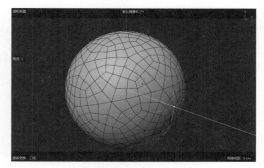

图2-240

（14）在"对象"面板中选择宝石体和球化，如图2-241所示。单击鼠标右键并执行"连接对象+删除"命令，将其转换为一个模型。

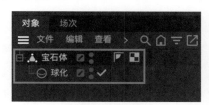

图2-241

（15）进入"边模式"，选中图2-242所示的边线，使用"倒角"工具制作出图2-243所示的模型效果。

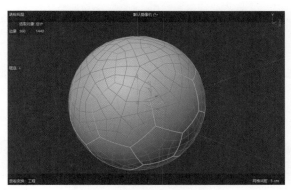

图2-242

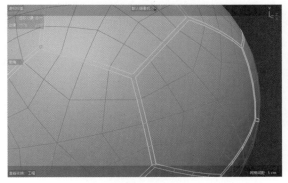

图2-243

（16）进入"面模式"，如图2-244所示。执行菜单栏中的"选择>反选"命令，选中图2-245所示的面。

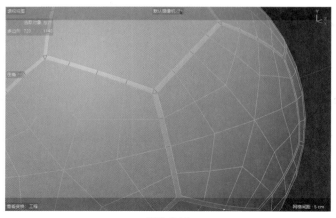

图2-244

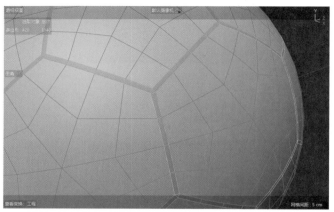

图2-245

（17）使用"挤压"工具对选中的面进行挤压，制作出图2-246所示的模型效果。

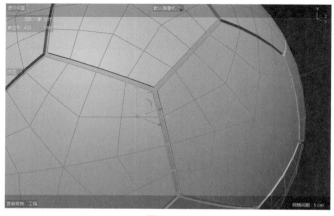

图2-246

（18）设置完成后，退出模型的编辑状态。按住Alt键，单击"细分曲面"按钮，如图2-247所示。

（19）本实例最终制作完成的模型效果如图2-248所示。

图2-247

图2-248

2.13 课后习题：制作立体文字模型

一些与电商相关的项目，常常需要设计师制作一些个性化立体文字模型。本课后习题主要讲解如何使用"样条画笔"和"挤压"生成器来制作一个立体文字模型，最终渲染效果如图2-249所示。

图2-249

效果文件	文字.c4d
视频名称	视频文件>第2章> 制作立体文字模型.mp4

微课视频

 制作思路

（1）创建文本线条。

（2）使用"挤压"工具制作出文字的立体效果。

 制作要点

第1步：启动中文版Cinema 4D 2024，单击"平面"按钮（见图2-250），在场景中创建一个平面模型。

第2步：在"属性"面板中设置"宽度"为37.6cm，"高度"为11.4cm，"方向"为-Z，如图2-251所示。

图2-250

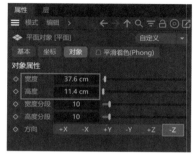

图2-251

💡 技巧与提示　本习题需要使用一些与材质相关的命令，故平面模型的大小取决于贴图的大小。更多有关材质的知识，请读者阅读本书相关章节进行学习。

第3步：设置完成后，平面模型的视图显示效果如图2-252所示。

第4步：选中平面模型，单击鼠标右键并执行"创建默认材质"命令（见图2-253），为其创建材质。

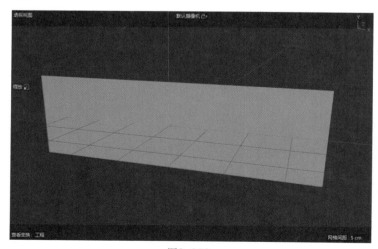

图2-252

图2-253

第5步：在"基底"卷展栏中为"颜色"属性添加一张"文字.png"图片，如图2-254所示。文字模型的视图显示效果如图2-255所示。

Cinema 4D 2024三维建模实战教程（全彩微课版）

图2-254

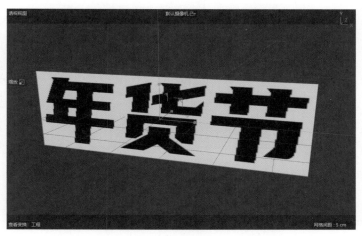

图2-255

第6步：在"正视图"中使用"样条画笔"工具描绘出文字的线条，如图2-256所示。

第7步：选中线条模型，按住Alt键，单击"挤压"按钮，如图2-257所示。

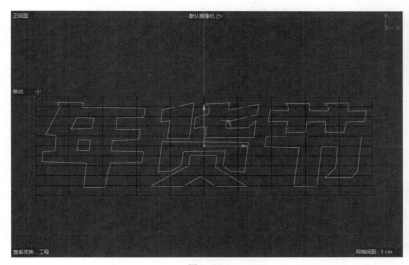

图2-256

图2-257

第8步：在"属性"面板中设置"偏移"为3cm，如图2-258所示。

第9步：在"两者均倒角"卷展栏中设置"尺寸"为0.2cm，如图2-259所示。

图2-258

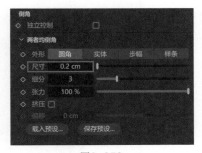

图2-259

第10步：设置完成后，文字模型的视图显示效果如图2-260所示。

第11步：单击"矩形"按钮（见图2-261），在场景中创建一个矩形。

图2-260　　　　　　　　　　　　　　　　图2-261

第12步：在"属性"面板中设置"宽度"为50cm，"高度"为15cm，勾选"圆角"复选框，设置"半径"为7.5cm，如图2-262所示。

第13步：设置完成后，调整矩形至图2-263所示的位置。

图2-262　　　　　　　　　　　　　　　　图2-263

第14步：选中线条模型，按住Alt键，单击"挤压"按钮。在"属性"面板中设置"偏移"为1cm，如图2-264所示。

第15步：在"两者均倒角"卷展栏中设置"尺寸"为0.2cm，如图2-265所示。

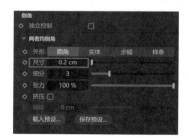

图2-264　　　　　　　　　　　　　　　　图2-265

第16步：本习题最终制作完成的模型效果如图2-266所示。

图2-266

Cinema 4D 2024三维建模实战教程（全彩微课版）

第 3 章　曲线建模

本章导读

　　本章将介绍中文版Cinema 4D 2024的曲线建模技术。在本章中，笔者以较为典型的实例详细讲解常用的曲线建模思路以及相关工具的使用方法。本章是非常重要的章节，请读者务必认真学习。

学习要点

❖ 了解曲线建模的思路

❖ 掌握曲线建模技术

❖ 学习创建细节丰富的模型

3.1　曲线建模概述

中文版Cinema 4D 2024为用户提供了一种使用曲线图形来创建模型的方式。读者在制作某些特殊造型的模型时，使用曲线建模技术会使整个建模过程非常简便，而且模型的完成效果也很理想。图3-1所示为使用曲线建模技术制作的晾衣架模型。

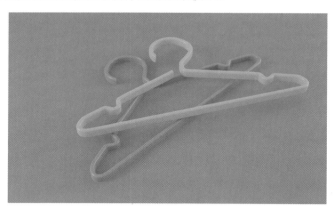

图3-1

3.2　创建曲线

中文版Cinema 4D 2024为用户提供了多种用于创建基本曲线的按钮，如图3-2所示。

图3-2

3.2.1　弧线

单击"弧线"按钮，即可在场景中创建一条弧线，如图3-3所示。
在"属性"面板的"对象属性"组中，其参数设置如图3-4所示。

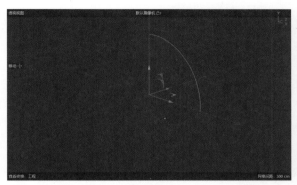

图3-3   图3-4

🔧 **工具解析**

类型：用于设置圆弧的类型，有"圆弧""扇区""分段""环状"这4种可选，如图3-5所示。

半径：用于设置圆弧的半径。

内部半径："类型"设置为"环状"时可用，用于设置圆弧的内部半径。

开始角度/结束角度：用于设置圆弧的开始角度/结束角度。

平面：用于设置圆弧的方向。

图3-5

3.2.2 螺旋线

单击"螺旋线"按钮，即可在场景中创建一条螺旋线，如图3-6所示。

在"属性"面板的"对象属性"组中，其参数设置如图3-7所示。

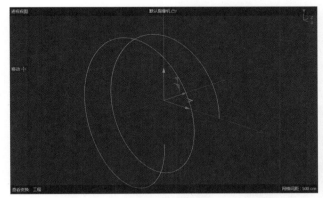

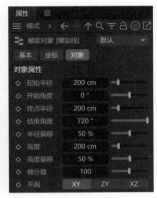

图3-6   图3-7

🔧 **工具解析**

起始半径/终点半径：用于设置螺旋线的起始半径/终点半径。

开始角度/结束角度：用于设置螺旋线的开始角度/结束角度。

半径偏移：用于设置半径的偏移效果。

高度：用于设置螺旋线的高度。

高度偏移：用于设置高度的偏移效果。

细分数：用于设置螺旋线的细分值。值越小，线越不平滑，反之亦然。

平面：用于设置螺旋线的方向。

3.2.3 多边

单击"多边"按钮，即可在场景中创建一条多边线，如图3-8所示。

在"属性"面板的"对象属性"组中，其参数设置如图3-9所示。

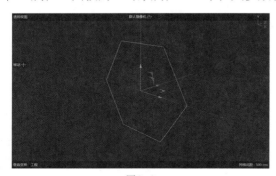

图3-8

图3-9

工具解析

半径：用于设置多边形的半径。

侧边：用于设置多边形边的数量。

圆角：用于设置多边形的圆角效果。

半径：用于设置圆角半径。

平面：用于设置多边形的方向。

3.2.4 齿轮

单击"齿轮"按钮，即可在场景中创建一条齿轮形状的曲线，如图3-10所示。

在"属性"面板的"对象属性"组中，其参数设置如图3-11所示。

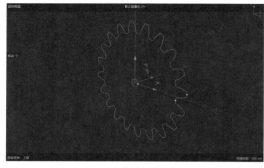

图3-10

图3-11

工具解析

传统模式：勾选该复选框，可以使用传统模式下的相关参数来调整齿轮曲线的形状。

Cinema 4D 2024三维建模实战教程（全彩微课版）

显示引导：勾选该复选框，可以显示出引导线，如图3-12所示。

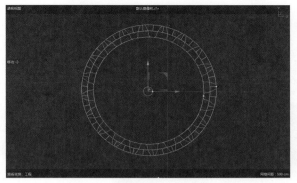

图3-12

引导颜色：用于设置引导线的颜色，默认为黄色。
平面：用于设置齿轮的方向。

3.2.5 花瓣形

单击"花瓣形"按钮，即可在场景中创建一条花瓣形状的曲线，如图3-13所示。
在"属性"面板的"对象属性"组中，其参数设置如图3-14所示。

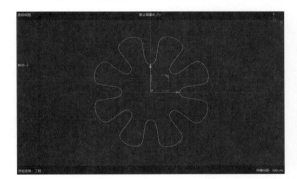

图3-13

图3-14

工具解析

内部半径/外部半径：用于设置花瓣形曲线的内部半径/外部半径。
花瓣：用于设置花瓣的数量。图3-15所示分别为该值是8和16时的视图显示效果。

图3-15

平面：用于设置花瓣的方向。

轮廓

单击"轮廓"按钮，即可在场景中创建一条轮廓曲线，如图3-16所示。
在"属性"面板的"对象属性"组中，其参数设置如图3-17所示。

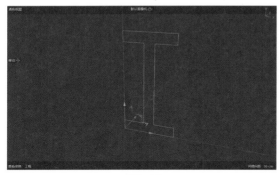

图3-16　　　　　　　　　　　　　　　图3-17

工具解析

类型：用于设置轮廓线的类型，有"H形状""L形状""T形状""U形状""Z形状"这5种可选。

高度：用于设置轮廓线的高度。

b/s/t：用于设置H形状不同方向上的轮廓厚度。

平面：用于设置轮廓的方向。

3.2.7　星形

单击"星形"按钮，即可在场景中创建一条星形曲线，如图3-18所示。
在"属性"面板的"对象属性"组中，其参数设置如图3-19所示。

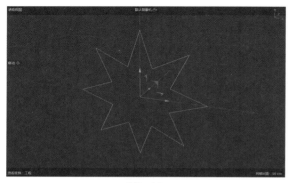

图3-18　　　　　　　　　　　　　　　图3-19

工具解析

内部半径/外部半径：用于设置星形对象的内部半径/外部半径。

螺旋：用于设置星形的螺旋效果，图3-20所示为该值是0%和60%时的视图显示效果。

图3-20

点：用于设置星形图形上点的数量。
平面：用于设置星形的方向。

3.3 课堂实例：制作曲别针模型

本课堂实例主要讲解如何使用样条画笔工具来制作曲别针模型，最终渲染效果如图3-21所示。

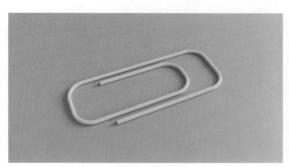

图3-21

效果
文件　　曲别针.c4d

视频
名称　　视频文件>第3章> 制作曲别针模型.mp4

 制作思路

（1）使用样条画笔工具绘制出曲别针的线条形状。
（2）使用扫描生成器制作出曲别针的粗细。

操作步骤

（1）启动中文版Cinema 4D 2024，单击"启用捕捉"按钮，如图3-22所示。

（2）单击"建模设置"按钮，如图3-23所示。在弹出的"捕捉"面板中勾选"工作平面"复选框，如图3-24所示。

（3）单击工作界面左侧的"样条画笔"按钮，如图3-25所示。

图3-22

图3-23

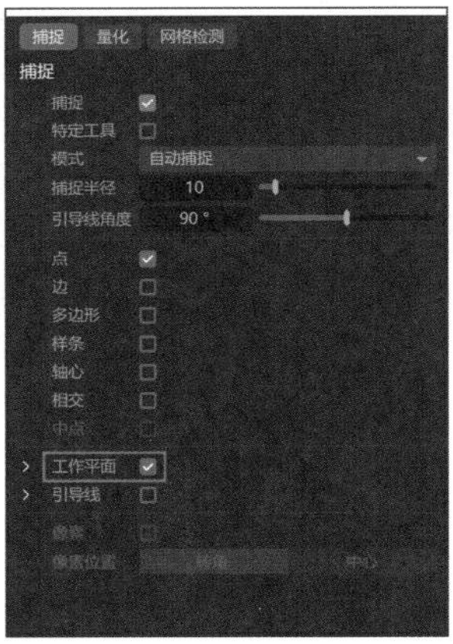

图3-24

图3-25

（4）在"顶视图"中绘制出曲别针的基本形状，如图3-26所示。

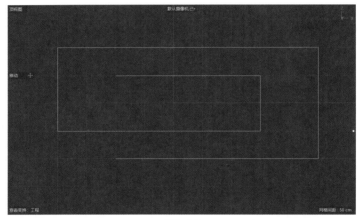

图3-26

（5）使用"移动"工具调整曲线为图3-27所示的形状。

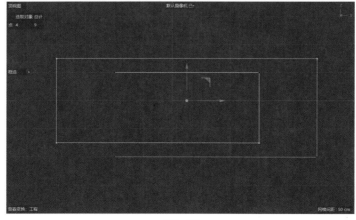

图3-27

Cinema 4D 2024三维建模实战教程（全彩微课版）

（6）选中曲线上的所有顶点，使用"倒角"工具制作出图3-28所示的曲线效果。

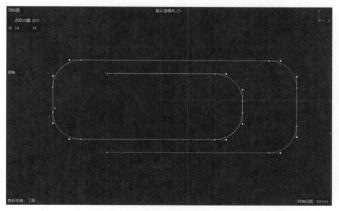

图3-28

（7）单击"圆环"按钮（见图3-29），在场景中创建一个图3-30所示大小的圆环。

图3-29

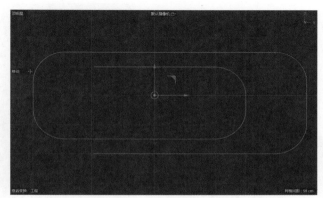

图3-30

（8）单击"扫描"按钮（见图3-31），在场景中创建一个扫描生成器。

（9）在"对象"面板中，将绘制的曲别针形状的样条线和圆环设置为"扫描"生成器的子层级（见图3-32），得到图3-33所示的曲别针模型效果。

（10）在"对象"面板中选中圆环，按快捷键C键，将其转为可编辑对象后，选中圆环上的所有顶点，如图3-34所示。

图3-31

图3-32

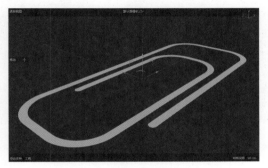

图3-33

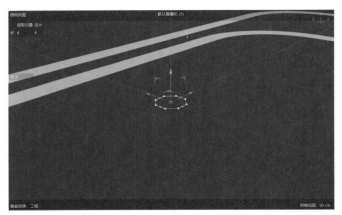

图3-34

（11）单击工作界面上方中间位置的"启用量化"按钮，如图3-35所示。

（12）对圆环上的顶点进行旋转，如图3-36所示。

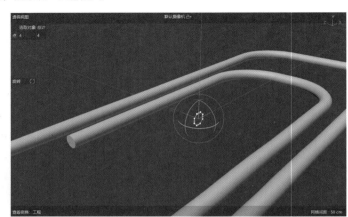

图3-35

图3-36

（13）在"对象"面板中选择"扫描"生成器。在"属性"面板中设置"尺寸"为1cm，如图3-37所示。调整曲别针模型起始位置和结束位置的圆角效果，如图3-38所示。

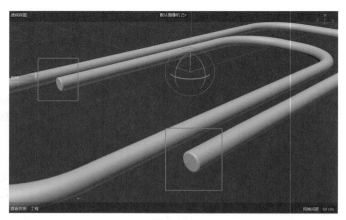

图3-37

图3-38

（14）单击"连接对象+删除"按钮，如图3-39所示。在"对象"面板中更改模型的名称为"曲别针"，如图3-40所示。

图3-39

图3-40

（15）本实例最终制作完成的模型效果如图3-41所示。

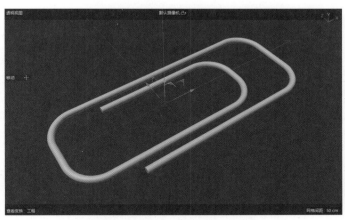

图3-41

3.4 课堂实例：制作高脚杯模型

本课堂实例主要讲解如何使用样条画笔工具来制作高脚杯模型，最终渲染效果如图3-42所示。

图3-42

 效果文件　高脚杯.c4d

视频名称　视频文件>第3章> 制作高脚杯模型.mp4

 **制作思路**

（1）使用样条画笔工具绘制出高脚杯的剖面线条。

（2）使用旋转生成器制作出高脚杯模型。

 **操作步骤**

（1）启动中文版Cinema 4D 2024，单击工作界面左侧的"样条画笔"按钮，如图3-43所示。

（2）在"正视图"中绘制出酒杯的剖面线条，如图3-44所示。

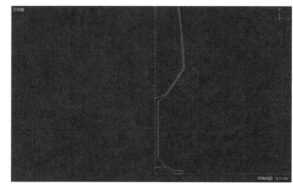

图3-43   图3-44

（3）选中图3-45所示的顶点，单击鼠标右键并执行"柔性插值"命令，如图3-46所示。此时可看到选中的顶点显示出两侧的控制柄，如图3-47所示。

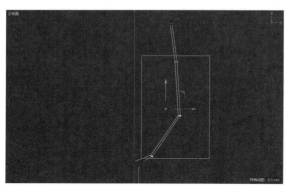

图3-45   图3-46

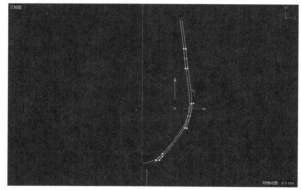

图3-47

（4）调整顶点两侧的控制柄来更改曲线的形状，制作出图3-48所示的曲线效果。

（5）如果出现顶点画多的情况，可以选中多余的顶点，直接将其删除。如果想要添加顶点，则可以单击鼠标右键，在弹出的菜单中执行"创建点"命令，如图3-49所示。

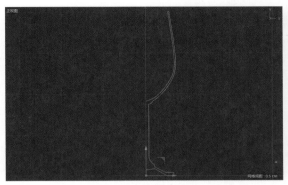

图3-48　　　　　　　　　　　　　　　　　　　　　图3-49

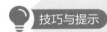 在本节对应的视频教学中还详细讲解了添加顶点及删除顶点方面的操作技巧。

（6）选中绘制好的高脚杯线条，按住Alt键，单击"旋转"按钮，如图3-50所示。此时可以得到高脚杯的模型效果，如图3-51所示。

图3-50　　　　　　　　　　　　　　　　　　　　图3-51

（7）本实例最终制作完成的模型效果如图3-52所示。

图3-52

3.5 课堂实例：制作齿轮模型

本课堂实例主要讲解如何使用齿轮工具来制作齿轮模型，最终渲染效果如图3-53所示。

图3-53

效果文件　齿轮.c4d

视频名称　视频文件>第3章> 制作齿轮模型.mp4

制作思路

（1）使用齿轮工具绘制出齿轮形状线条。
（2）使用挤压生成器制作出齿轮模型。

操作步骤

（1）启动中文版Cinema 4D 2024，单击"齿轮"按钮，如图3-54所示。在场景中创建一条齿轮曲线，如图3-55所示。

图3-54

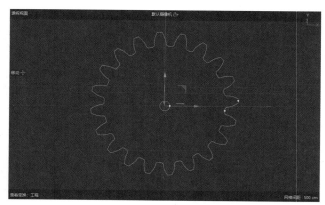

图3-55

（2）在"属性"面板中设置"齿"为24，如图3-56所示。

（3）设置"嵌体"的"类型"为"孔洞"，中心孔的"半径"为20cm，勾选"缺口"复选框，如图3-57所示。

图3-56

图3-57

（4）设置完成后，齿轮图形的视图显示效果如图3-58所示。

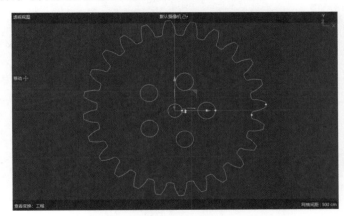

图3-58

技巧与提示　读者可以自行尝试更改齿轮对象嵌体的类型。图3-59~图3-61所示分别为"类型"是"轮幅""拱形""波浪"的视图显示效果。

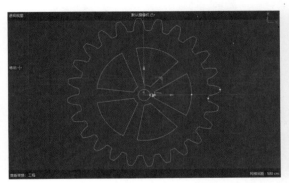

图3-59

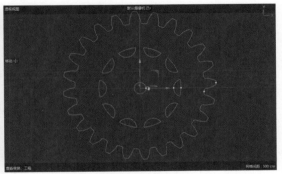

图3-60

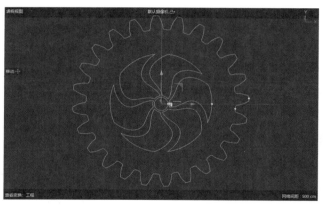

图3-61

（5）按住Alt键，单击"挤压"按钮，如图3-62所示。此时可以为齿轮模型挤压出厚度，如图3-63所示。

图3-62

图3-63

（6）在"属性"面板中设置"偏移"为50cm（见图3-64），以调整齿轮模型的厚度。

（7）在"属性"面板中设置"尺寸"为5cm，如图3-65所示。制作出齿轮模型的轮廓细节，如图3-66所示。

（8）本实例最终制作完成的模型效果如图3-67所示。

图3-64

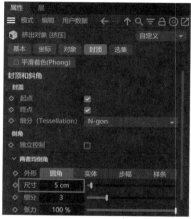

图3-65

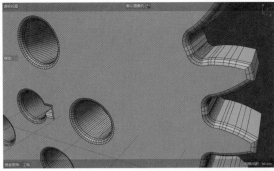

图3-66

图3-67

课堂实例：制作冰激凌模型

本课堂实例主要讲解如何使用曲线工具来制作冰激凌模型，最终渲染效果如图3-68所示。

图3-68

效果文件	冰激凌.c4d
视频名称	视频文件>第3章> 制作冰激凌模型.mp4

微课视频

 制作思路

（1）使用曲线工具制作出冰激凌杯模型。
（2）使用扫描生成器制作出冰激凌模型。

 操作步骤

3.6.1　制作冰激凌杯

（1）启动中文版Cinema 4D 2024，单击工作界面左侧的"样条画笔"按钮，如图3-69所示。

（2）在"正视图"中绘制出冰激凌杯的剖面线条，如图3-70所示。

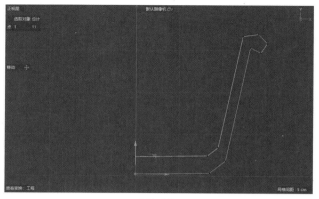

图3-69 　　　　　　　　　　　　　图3-70

（3）选中曲线上的所有顶点，单击鼠标右键并执行"柔性插值"命令，如图3-71所示。此时可看到选中的顶点显示出两侧的控制柄，如图3-72所示。

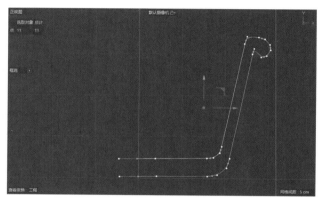

图3-71 　　　　　　　　　　　　　图3-72

（4）调整顶点两侧的控制柄来更改曲线的形状，制作出图3-73所示的曲线效果。

（5）选中绘制好的曲线线条，按住Alt键，单击"旋转"按钮，如图3-74所示。此时可以得到冰激凌杯的模型效果，如图3-75所示。

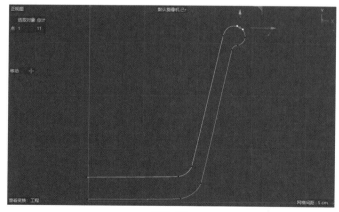

图3-73 　　　　　　　　　　　　　图3-74

（6）制作完成的冰激凌杯模型效果如图3-76所示。

图3-75

图3-76

3.6.2 制作冰激凌

（1）单击"螺旋线"按钮，如图3-77所示。在场景中创建一条螺旋线，如图3-78所示。

图3-77

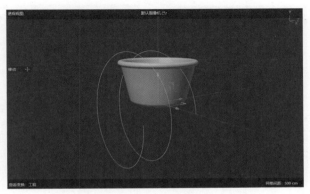

图3-78

（2）在"属性"面板中设置"起始半径"为134cm，"终点半径"为0cm，"结束角度"为1200，"平面"为XZ，如图3-79所示。

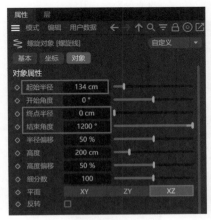

图3-79

 技巧与提示　调整螺旋线的参数值仅供读者参考，具体应根据冰激凌杯杯口的大小进行适当调整。

（3）设置完成后，调整螺旋线至图3-80所示的位置。

图3-80

（4）单击"星形"按钮，如图3-81所示。在场景中创建一条星形曲线，如图3-82所示。

图3-81

图3-82

（5）在"属性"面板中设置"内部半径"为36cm，"外部半径"为45cm，如图3-83所示。

（6）设置完成后，星形曲线的大小如图3-84所示。

图3-83

图3-84

（7）单击"扫描"按钮（见图3-85），在"对象"面板中创建一个扫描生成器。

（8）在"对象"面板中将星形和螺旋线设置为扫描的子对象，如图3-86所示。

Cinema 4D 2024三维建模实战教程（全彩微课版）

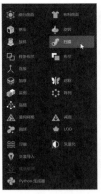

图3-85　　　　　　　　　　　　　　　图3-86

（9）设置完成后，得到的冰激凌模型效果如图3-87所示。

（10）在"细节"卷展栏中设置"缩放"和"旋转"的曲线效果如图3-88所示。

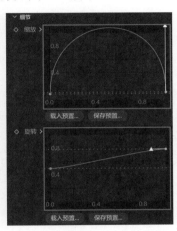

图3-87　　　　　　　　　　　　　　　图3-88

（11）设置完成后，冰激凌模型的视图显示效果如图3-89所示。

图3-89

（12）选中冰激凌模型，按住Alt键，单击"体积生成"按钮（见图3-90），得到图3-91所示的模型效果。

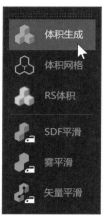

图3-90

图3-91

（13）在"属性"面板中设置"体素尺寸"为1cm，如图3-92所示。

（14）设置完成后，冰激凌模型的视图显示效果如图3-93所示。

图3-92

图3-93

（15）选中冰激凌模型，按住Alt键，单击"体积网格"按钮（见图3-94），得到图3-95所示的模型效果。

图3-94

图3-95

（16）本实例最终制作完成的模型效果如图3-96所示。

图3-96

3.7 课堂实例：制作衣架模型

本课堂实例主要讲解如何使用曲线工具来制作衣架模型，最终渲染效果如图3-97所示。

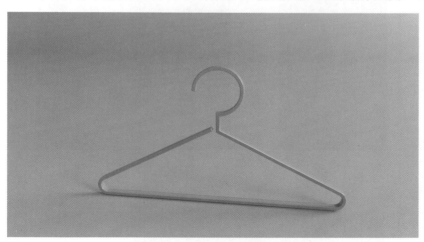

图3-97

效果
文件　衣架.c4d

微
课
视
频

视频
名称　视频文件>第3章> 制作衣架模型.mp4

 制作思路

（1）使用曲线工具制作出衣架的大概形体。
（2）使用扫描生成器制作出衣架最终的模型效果。

3.7.1 制作衣架线条

（1）启动中文版Cinema 4D 2024，单击"圆环"按钮（见图3-98），在场景中创建一个圆形。

（2）在"属性"面板中设置"半径"为3cm，如图3-99所示。

图3-98

图3-99

（3）单击"矩形"按钮（见图3-100），在场景中创建一个矩形。

（4）在"属性"面板中设置"宽度"为40cm，"高度"为10cm，如图3-101所示。

图3-100

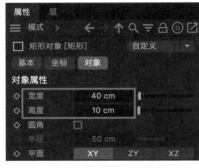

图3-101

（5）设置完成后，在"正视图"中调整矩形至图3-102所示的位置。

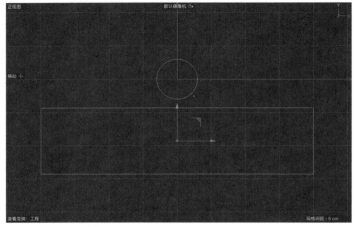

图3-102

Cinema 4D 2024二维建模实战教程（全彩微课版）

（6）选中场景中的圆形和矩形，单击鼠标右键并执行"连接对象+删除"命令，如图3-103所示。将其合并为一个图形，如图3-104所示。

图3-103

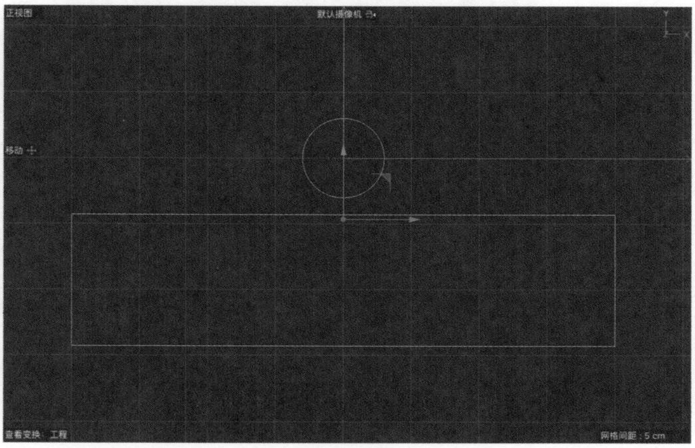

图3-104

（7）选中图3-105所示的2个顶点，使用"缩放"工具将其调整至图3-106所示的位置。

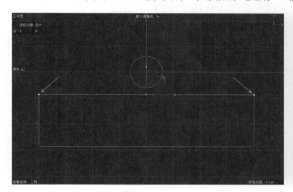

图3-105

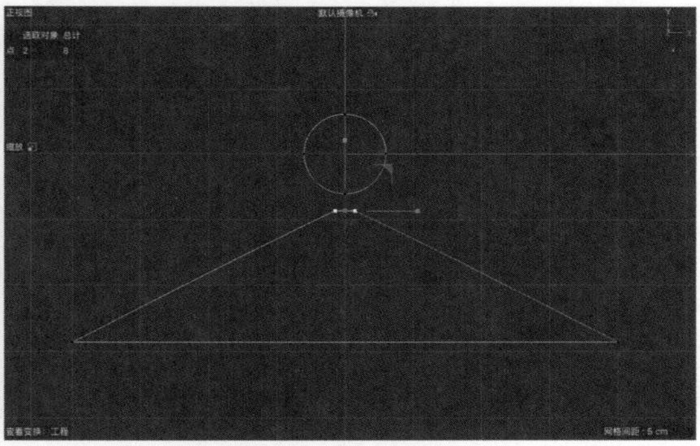

图3-106

（8）选中图3-107所示的4个顶点，单击鼠标右键并执行"断开连接"命令，如图3-108所示。

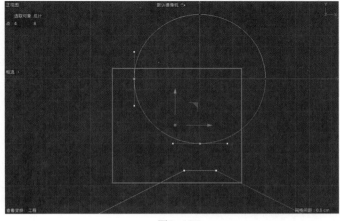

图3-107

图3-108

（9）选中图3-109所示的顶点，将其移动至图3-110所示的位置。

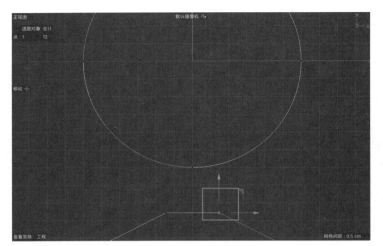

图3-109

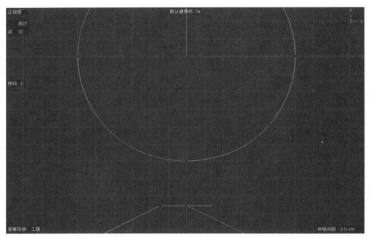

图3-110

（10）选中图3-111所示的顶点，向左侧轻微移动。

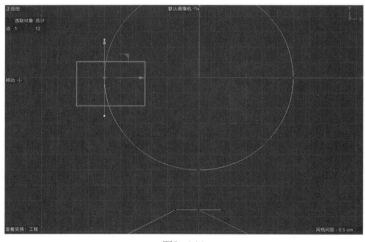

图3-111

（11）将场景中多余的顶点删除，得到图3-112所示的图形效果。

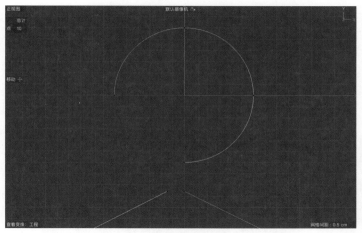

图3-112

（12）按住Ctrl键，在图3-113所示的位置单击，添加一个顶点。

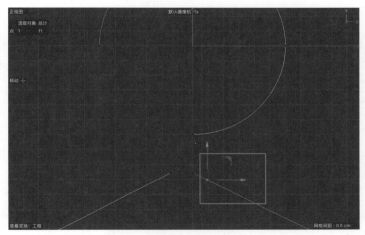

图3-113

（13）选中图3-114所示的2个顶点，单击鼠标右键并执行"倒角"命令（见图3-115），制作出图3-116所示的倒角效果。

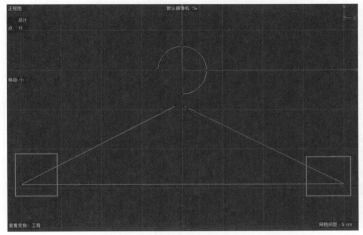

图3-114

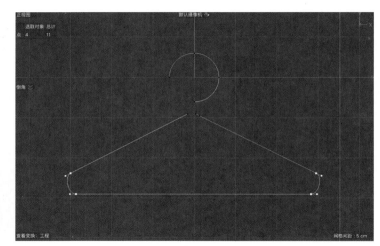

图3-115 图3-116

（14）选中图3-117所示的2个顶点，单击鼠标右键并执行"焊接"命令，如图3-118所示。
单击上方的顶点，将其焊接到一起，如图3-119所示。

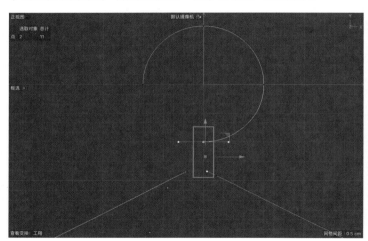

图3-117 图3-118

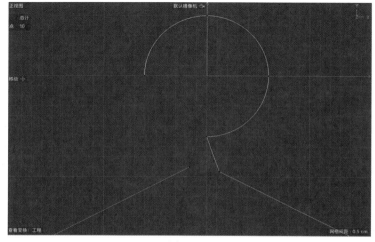

图3-119

（15）微调衣架中间顶点至图3-120所示的位置。

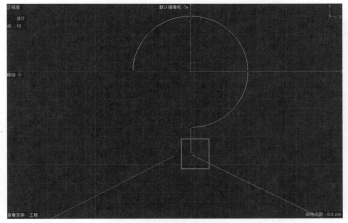

图3-120

（16）制作完成后的衣架线条显示效果如图3-121所示。

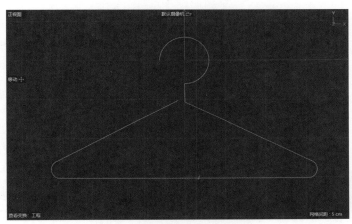

图3-121

3.7.2 完善衣架模型

（1）单击"矩形"按钮（见图3-122），再次在场景中创建一个矩形。

（2）在"属性"面板中设置"宽度"为1cm，"高度"为0.5cm，勾选"圆角"复选框，设置"半径"为0.1cm，如图3-123所示。

图3-122

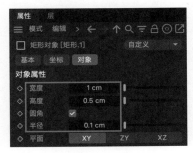

图3-123

（3）设置完成后，矩形的视图显示效果如图3-124所示。

（4）单击"扫描"按钮（见图3-125），在场景中创建一个扫描对象。

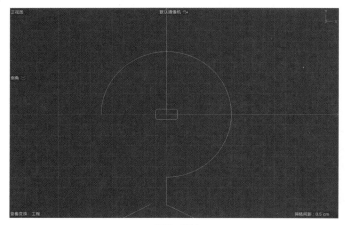

图3-124

图3-125

（5）在"对象"面板中将场景中的2个图形设置为扫描的子对象（见图3-126），得到图3-127所示的模型效果。

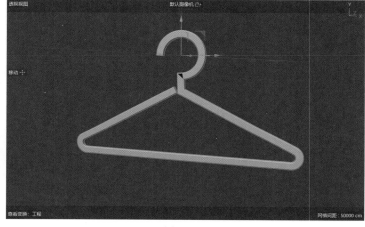

图3-126

图3-127

（6）在"属性"面板中设置"起点"为0，如图3-128所示。

（7）在"封顶和斜角"组中设置"尺寸"为0.1cm，如图3-129所示。

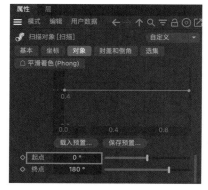

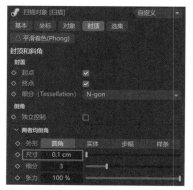

图3-128

图3-129

（8）在衣架模型的边角位置添加圆角效果，如图3-130所示。

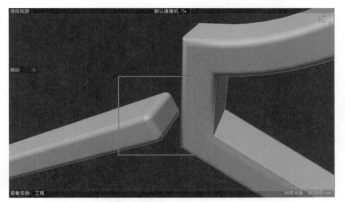

图3-130

（9）本实例最终制作完成的模型效果如图3-131所示。

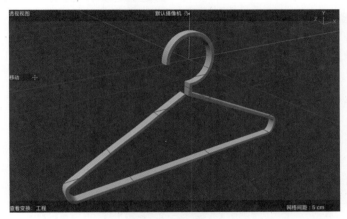

图3-131

3.8 课后习题：制作花瓶模型

本课后习题主要练习如何使用曲线建模技术来制作花瓶模型，最终渲染效果如图3-132所示。

图3-132

效果文件	花瓶.c4d
视频名称	视频文件>第3章> 制作花瓶模型.mp4

制作思路

（1）使用"放样"生成器制作出花瓶模型的基本形体。

（2）使用圆环制作出花瓶模型的细节。

制作要点：

第1步：启动中文版Cinema 4D 2024，单击"圆环"按钮（见图3-133），在场景中创建一个圆环。

第2步：在"属性"面板中设置"半径"为3cm，"平面"为XZ，如图3-134所示。

第3步：设置完成后，圆环的视图显示效果如图3-135所示。

图3-133

图3-134

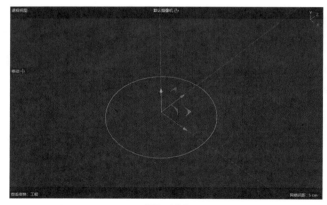

图3-135

第4步：按住Alt键，单击"放样"按钮，如图3-136所示。为圆形添加"放样"生成器，此时圆形变为一个圆片模型，如图3-137所示。

图3-136

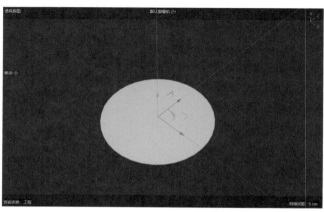

图3-137

第5步：选中圆环，按住Ctrl键，配合"移动"工具向上移动，复制出一个圆形，此时可以看到原本呈薄片显示的圆片模型变成一个圆柱体模型，如图3-138所示。

第6步：按照同样的操作步骤继续向上复制圆形，并调整圆形的大小，制作出花瓶模型的基本形状，如图3-139所示。

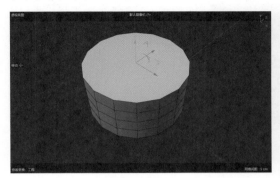

图3-138

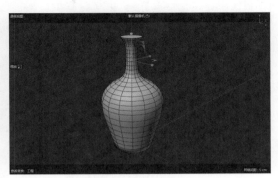

图3-139

第7步：在"属性"面板中取消勾选"终点"复选框，如图3-140所示。这样，花瓶模型的瓶口部分不会被封住，如图3-141所示。

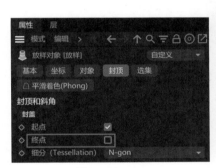

图3-140

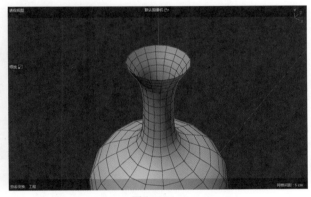

图3-141

第8步：按住Alt键，单击"加厚"按钮（见图3-142），为花瓶模型添加加厚效果。

第9步：在"属性"面板中设置"厚度"为0.15cm，"细分"为1，如图3-143所示。制作出瓶子的厚度，如图3-144所示。

图3-142

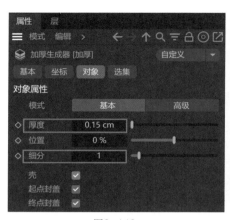

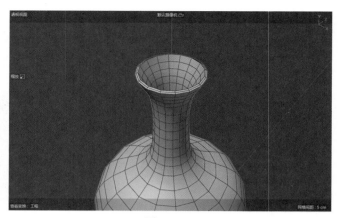

图3-143 　　　　　　　　　　　　　　 图3-144

第10步：按住Alt键，单击"细分曲面"按钮，如图3-145所示。这样可以使花瓶模型更加平滑，如图3-146所示。

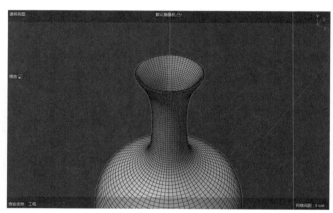

图3-145 　　　　　　　　　　　　　　 图3-146

第11步：本习题最终制作完成的模型效果如图3-147所示。

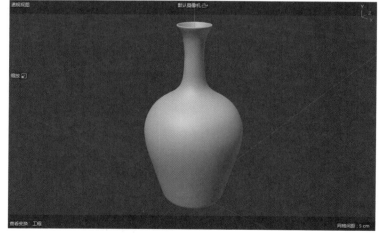

图3-147

第 4 章　灯光技术

本章导读

　　本章将介绍中文版Cinema 4D 2024的灯光技术，包括灯光的类型以及灯光的参数设置等。灯光在Cinema 4D 中非常重要，本章将以常见的灯光场景为例，详细讲解常用灯光的使用方法。

学习要点

- ❖ 掌握灯光的类型
- ❖ 掌握室内灯光的设置技巧
- ❖ 掌握室外灯光的设置技巧
- ❖ 掌握通过后期的方式来调整渲染图像亮度的技巧

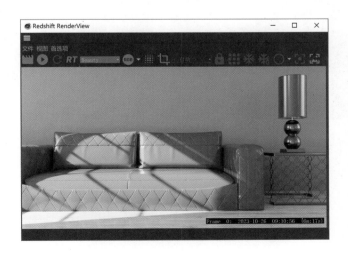

4.1 灯光概述

中文版Cinema 4D 2024提供了多种不同类型的灯光对象，用户可以根据自己的制作需要选择使用这些灯光来照亮场景。有关灯光的参数、命令相较于其他知识点来说并不太多，但是这并不意味着灯光设置学习起来就非常容易。灯光的核心设置主要在于颜色和强度两个方面，即便是同一个场景，在不同的时间段、不同的天气下拍摄出来的照片，其色彩与亮度也大不相同。所以在为场景制作灯光之前，优秀的灯光师通常会寻找大量的相关素材进行参考，这样才能在灯光制作这一环节得心应手，制作出更加真实的灯光效果。图4-1和图4-2所示为笔者拍摄的室外环境光影照片。

图4-1　　　　　　　　　　　　　　　　　　图4-2

使用灯光不仅可以影响拍摄对象周围物体表面的光泽和颜色，还可以渲染出镜头光斑、体积光等特殊效果。图4-3和图4-4所示分别为笔者拍摄的一些带有镜头光斑及阴雨天车灯效果的照片。在Cinema 4D中，灯光通常还需要配合模型以及材质才能得到丰富的色彩和明暗对比效果，从而使我们的三维图像达到照片级别的真实效果。

图4-3　　　　　　　　　　　　　　　　　　图4-4

4.2 灯光

中文版Cinema 4D 2024为用户提供了多种不同的灯光工具，如图4-5所示。

图4-5

4.2.1 点光

单击"点光"按钮，可以在场景中创建一个点光，如图4-6所示。其参数设置如图4-7所示。

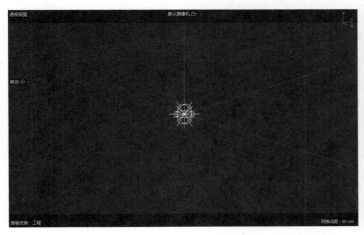

图4-6

图4-7

工具解析

类型：可以在下拉列表中设置灯光的类型，如图4-8所示。

强度：用于设置灯光的照射强度。

曝光（EV）：用于设置灯光的曝光度。

单位：可以在下拉列表中选择灯光的强度相关单位，如图4-9所示。

衰减：用于设置灯光的衰减类型。

模式：可以在下拉列表中选择灯光的模式，如图4-10所示。

图4-8　　　　　　　　图4-9　　　　　　　　图4-10

颜色：用于设置灯光的颜色。
纹理：用于设置纹理贴图以控制灯光的颜色。
色温：用于设置灯光的色温值。

4.2.2　聚光灯

　　单击"聚光灯"按钮，可以在场景中创建一个聚光灯，如图4-11所示。其参数设置如图4-12所示。

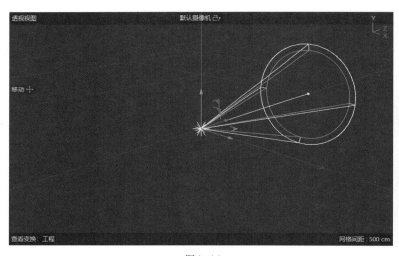

图4-11　　　　　　　　　　　　　　　　图4-12

工具解析

　　类型：用于设置灯光的类型。
　　强度：用于设置灯光的照射强度。
　　曝光（EV）：用于设置灯光的曝光度。
　　单位：用于设置灯光的强度单位。
　　衰减：用于设置灯光的衰减类型。
　　模式：用于设置灯光的颜色模式。
　　颜色：用于设置灯光的颜色。
　　纹理：用于设置纹理贴图以控制灯光的颜色。
　　色温：用于设置灯光的色温值。
　　圆锥角度：用于设置聚光灯的圆锥角度。

衰减角度：用于设置聚光灯内外圈的半径差。内圈与外圈的间距越大，衰减角度越大，衰减效果越明显。图4-13所示为该值是5和20时的视图显示效果对比。

衰减曲线：用于设置聚光灯形状的衰减曲线。

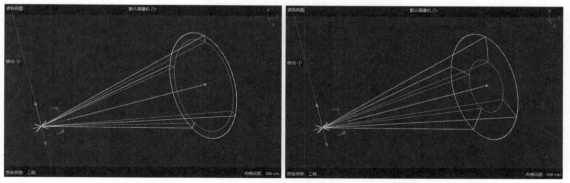

图4-13

4.2.3　区域光

单击"区域光"按钮，可以在场景中创建一个区域光，如图4-14所示。其参数设置如图4-15所示。

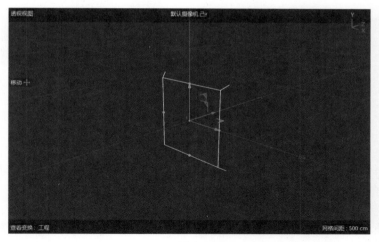

图4-14

图4-15

工具解析

类型：用于设置灯光的类型。

强度：用于设置灯光的照射强度。

曝光（EV）：用于设置灯光的曝光度。

单位：用于设置灯光的强度单位。

衰减：用于设置灯光的衰减类型。

模式：用于设置灯光的颜色模式。

颜色：用于设置灯光的颜色。

纹理：用于设置纹理贴图以控制灯光的颜色。

色温：用于设置灯光的色温值。

区域形状：用户可以在下拉列表中选择区域光的形状，如图4-16所示。

尺寸X/尺寸Y：用于设置区域光的大小。

扩散：用于设置区域光的扩散效果。

可见：勾选该复选框，区域光会被渲染出来。

双向：勾选该复选框，区域光会产生双向照明效果。

图4-16

4.2.4 穹顶光

单击"穹顶光"按钮，可以在场景中创建穹顶光，如图4-17所示。其参数设置如图4-18所示。

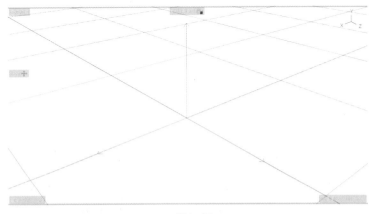

图4-17

图4-18

工具解析

类型：用于设置灯光的类型。

强度：用于设置灯光的照射强度。

曝光（EV）：用于设置灯光的曝光度。

颜色：用于设置灯光的颜色。

纹理：用于设置纹理贴图以控制灯光的颜色。纹理设置贴图后，可以激活下方的所有参数。

纹理类型：可以在下拉列表中选择灯光的纹理类型，如图4-19所示。

色相：用于设置贴图的色相。

饱和度：用于设置贴图的饱和度。

伽马：用于设置贴图的伽马值。

图4-19

4.3 课堂实例：制作产品表现照明效果

本实例主要讲解如何制作产品表现照明效果，最终完成效果如图4-20所示。

图4-20

效果 文件	静物-完成.c4d
素材 文件	静物.c4d
视频 名称	视频文件>第4章> 制作产品表现照明效果.mp4

制作思路

（1）观察场景。
（2）选择合适的灯光进行制作。

操作步骤

（1）启动中文版Cinema 4D 2024，打开配套场景文件"静物.c4d"，里面是一组茶具模型，并且已经设置好了材质和摄像机，如图4-21所示。

（2）制作灯光之前，首先需要观察场景，执行菜单栏中的"摄像机>默认摄像机"命令，如图4-22所示。

图4-21

图4-22

本场景已经设置好了摄像机，关于摄像机的知识，读者可以阅读本书相关章节进行学习。在本节的教学视频中，笔者也会简单讲解摄像机的入门知识。

（3）将视图切换至默认摄像机的"透视视图"后，可以看到这个茶具模型是放置于一个室内空间的，如图4-23所示。

（4）单击工作界面上的"区域光"按钮（见图4-24），在场景中创建一个区域光。

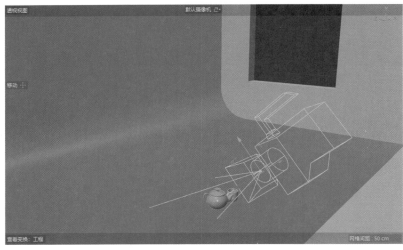

图4-23   图4-24

由于中文版Cinema 4D 2024的默认渲染器是Redshift渲染器，所以本书中的所有案例均使用该渲染器进行渲染。

（5）将区域光移动至房屋模型的外面，并对其进行旋转，如图4-25所示。

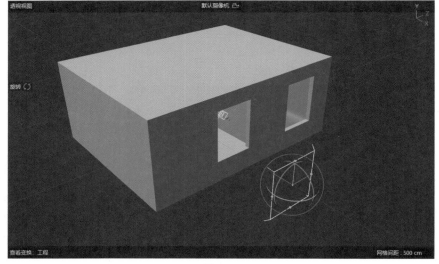

图4-25

（6）在"右视图"中调整灯光至图4-26所示的位置和大小。

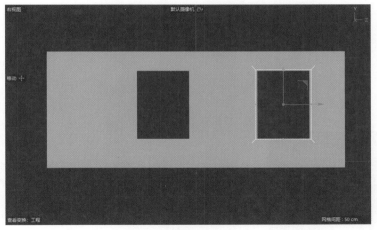

图4-26

（7）在"顶视图"中调整灯光至图4-27所示的位置。

（8）在"属性"面板中设置"强度"为"20"，如图4-28所示。

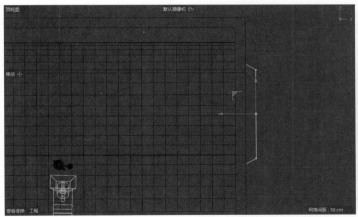

图4-27

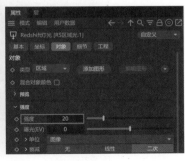

图4-28

（9）在"右视图"中按住Ctrl键，配合移动工具复制出一个区域光，并将其调整至图4-29所示的位置。

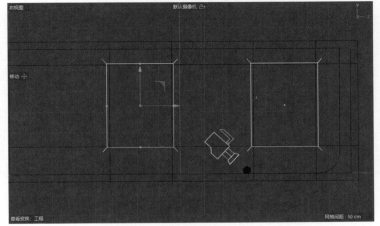

图4-29

（10）在"对象"面板中单击RS相机后面的方形图标，如图4-30所示。此时可将视图快速切换至RS相机的"透视视图"，如图4-31所示。

图4-30　　　　　　　　　　　　　　　　　　图4-31

（11）执行"Redshift>RS RenderView"命令，如图4-32所示。在弹出的Redshift RenderView面板中单击"渲染"按钮，如图4-33所示。

图4-32　　　　　　　　　　　　　　图4-33

（12）渲染效果如图4-34所示。

图4-34

（13）在Redshift RenderView面板中单击上方右侧的"设置"按钮，如图4-35所示。

（14）在"显示"面板中勾选"颜色控件"复选框，调整曲线至图4-36所示的形态。

Cinema 4D 2024三维建模实战教程（全彩微课版）

图4-35

图4-36

技巧与提示 在曲线上可以通过双击的方式来添加控制点。

（15）本实例的最终渲染效果如图4-37所示。

图4-37

课堂实例：制作天光照明效果

本实例通过制作天光照明效果来详细讲解灯光的使用方法。最终完成效果如图4-38所示。

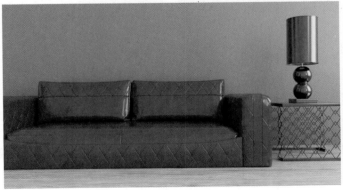

图4-38

效果 文件	客厅-天光完成.c4d
素材 文件	客厅.c4d
视频 名称	视频文件>第4章> 制作天光照明效果.mp4

制作思路

（1）观察场景。
（2）选择合适的灯光进行制作。

操作步骤

（1）启动中文版Cinema 4D 2024，打开配套场景文件"客厅.c4d"，里面是一个室内场景，并且已经设置好了材质和摄像机，如图4-39所示。
（2）单击工作界面上的"区域光"按钮（见图4-40），在场景中创建一个区域光。

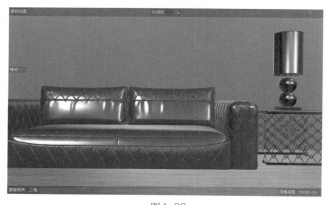

图4-39　　　　　　　　　　　　　　　　　　图4-40

（3）将区域光移动至房屋模型外面，如图4-41所示。
（4）在"正视图"中调整灯光至图4-42所示的位置和大小。

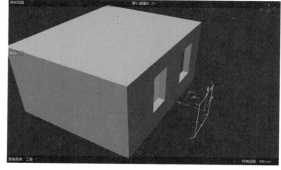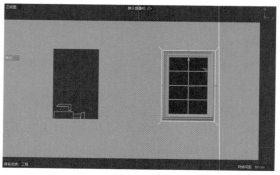

图4-41　　　　　　　　　　　　　　　　　　图4-42

（5）在"顶视图"中调整灯光至图4-43所示的位置。

（6）在"属性"面板中设置"强度"为"10"，如图4-44所示。

图4-43　　　　　　　　　　　　　　　　　　图4-44

（7）在"正视图"中按住Ctrl键，配合移动工具复制出一个区域光，并将其调整至图4-45所示的位置。

（8）在RS相机视图中执行"Redshift>RS RenderView"命令，如图4-46所示。

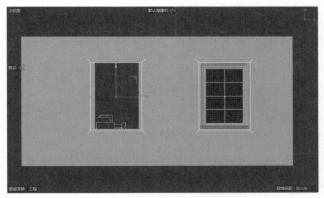

图4-45　　　　　　　　　　　　　　　　　图4-46

（9）在弹出的Redshift RenderView面板中单击"渲染"按钮，渲染场景，渲染效果如图4-47所示。

（10）在Redshift RenderView面板中单击上方右侧的"设置"按钮，如图4-48所示。

图4-47　　　　　　　　　　　　　图4-48

（11）在“显示”面板中勾选“颜色控件”复选框，调整曲线至图4-49所示的形态。
（12）本实例的最终渲染效果如图4-50所示。

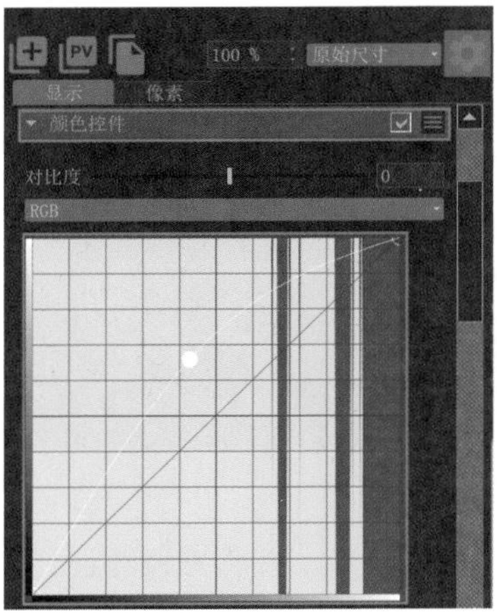

图4-49

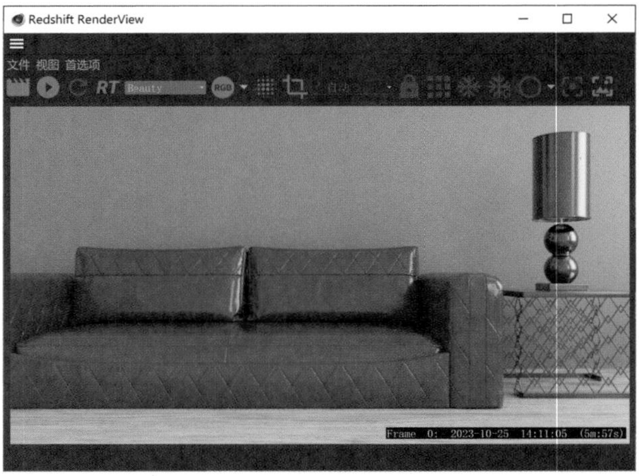

图4-50

4.5 课堂实例：制作阳光照明效果

本实例仍然使用上一节的场景文件来详细讲解阳光照明效果的制作方法，最终完成效果如图4-51所示。

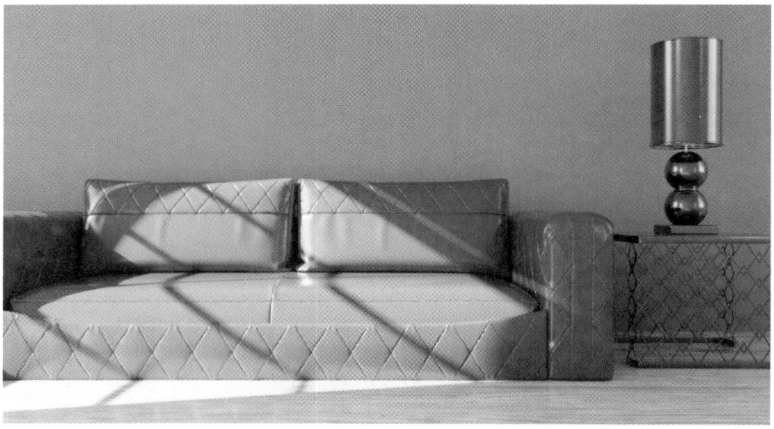
图4-51

效果文件　客厅-阳光完成.c4d

素材文件　客厅.c4d

视频名称　视频文件>第4章> 制作阳光照明效果.mp4

微课视频

制作思路

（1）观察场景。
（2）选择合适的灯光进行制作。

操作步骤

（1）启动中文版Cinema 4D 2024，打开配套场景文件"客厅.c4d"，里面是一个室内场景，并且已经设置好了材质和摄像机，如图4-52所示。

图4-52

（2）单击"RS太阳与天空装配"按钮，如图4-53所示。
（3）观察"对象"面板，可以看到场景中多了一个RS天空和一个RS太阳，如图4-54所示。

图4-53

图4-54

（4）使用"移动"工具调整灯光的位置至房屋外，以便观察，如图4-55所示。
（5）使用"旋转"工具调整灯光至图4-56所示的角度，使阳光从房屋左侧的窗户照射进屋内。

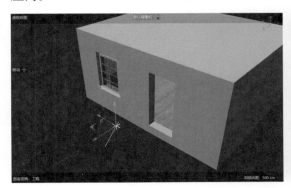

图4-55

图4-56

（6）设置完成后，执行菜单栏中的"Redshift>工具>渲染至RenderView"命令，如图4-57所示。

（7）添加了"RS太阳与天空装配"灯光后的场景渲染效果如图4-58所示。

图4-57

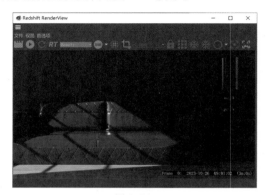

图4-58

（8）选择灯光，在"属性"面板中设置"强度倍增"为"10"，如图4-59所示。

（9）本实例的最终渲染效果如图4-60所示。

图4-59

图4-60

 课堂实例：制作电商海报照明效果

本实例详细讲解电商海报中照明效果的制作方法，最终完成效果如图4-61所示。

图4-61

效果 文件	海报-完成.c4d
素材 文件	海报.c4d
视频 名称	视频文件>第4章> 制作电商海报照明效果.mp4

微课 视频

制作思路

（1）观察场景。
（2）选择合适的灯光进行制作。

操作步骤

（1）启动中文版Cinema 4D 2024，打开配套场景文件"海报.c4d"，里面是一个电商海报场景，并且已经设置好了材质和摄像机，如图4-62所示。

图4-62

技巧与提示　本实例中文字模型和礼物模型的制作方法，读者可以阅读第2章的相关实例进行学习。

（2）单击工作界面上的"区域光"按钮（见图4-63），在场景中创建一个区域光。
（3）将区域光移动至房屋模型外面的窗口位置，并调整灯光至图4-64所示的大小。
（4）在"属性"面板中，设置"强度"为"100"，如图4-65所示。
（5）按住Ctrl键，配合移动工具复制出一个区域光，并将其调整至图4-66所示的位置。
（6）设置完成后，渲染场景，渲染效果如图4-67所示。

图4-63

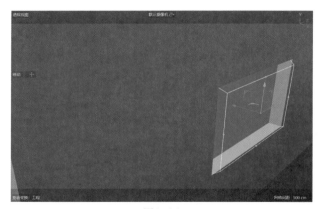

图4-64

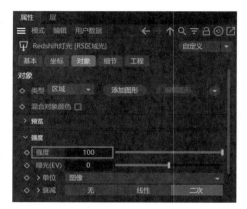

图4-65

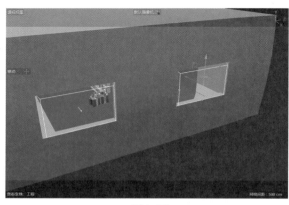

图4-66

图4-67

（7）单击工作界面上的"区域光"按钮（见图4-68），在场景中再创建一个区域光，用来制作文字发光效果。

（8）在"属性"面板中设置"强度"为"20"，如图4-69所示。

（9）在"形状"卷展栏中设置"区域形状"为"网格"，"网格"是场景中名称为"狂欢节"的文字模型，勾选"可见"复选框，如图4-70所示。

图4-68

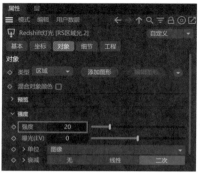

图4-69

图4-70

当区域光的"区域形状"为"网格"时，灯光的大小及位置就不重要了。灯光会从场景中设置为灯光网格的模型上产生并照亮周围的物体。

Cinema 4D 2024三维建模实战教程（全彩微课版）

（10）设置完成后，再次渲染场景。本实例的最终渲染效果如图4-71所示。

图4-71

4.7 课堂实例：制作动漫场景照明效果

本实例详细讲解电商动画场景中照明效果的制作方法，最终完成效果如图4-72所示。

图4-72

效果 文件	海报-完成.c4d

素材 文件	海报.c4d

视频 名称	视频文件>第4章> 制作动漫场景照明效果.mp4

微课视频

制作思路

（1）观察场景。

（2）选择合适的灯光进行制作。

119

操作步骤

（1）启动中文版Cinema 4D 2024，打开配套场景文件"动漫场景.c4d"，里面是一个动漫场景，并且已经设置好了材质和摄像机，如图4-73所示。

（2）单击工作界面上的"区域光"按钮（见图4-74），在场景中创建一个区域光。

图4-73

图4-74

（3）单击视图顶部摄像机的名称，在弹出的菜单中执行"默认摄像机"命令，如图4-75所示。

（4）在默认摄像机的"透视视图"中，可以查看刚刚创建的区域光，如图4-76所示。

图4-75

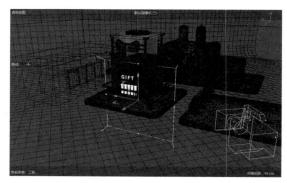

图4-76

（5）在"左视图"中调整区域光至图4-77所示的大小和位置。

（6）在"正视图"中调整区域光至图4-78所示的位置。

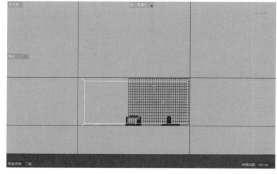

图4-77

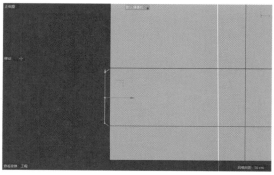

图4-78

Cinema 4D 2024三维建模实战教程（全彩微课版）

（7）在"属性"面板中设置"强度"为"50"，如图4-79所示。

（8）设置完成后，渲染场景。本实例的最终渲染效果如图4-80所示。

图4-79

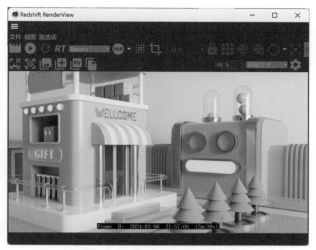

图4-80

 **课后习题：制作室内射灯照明效果**

在本习题中，详细讲解如何使用IES文件来制作室内射灯照明效果，最终渲染效果如图4-81所示。

图4-81

效果文件	花瓶-完成.c4d
素材文件	花瓶.c4d
视频名称	视频文件>第4章> 制作室内射灯照明效果.mp4

微课视频

制作思路

（1）观察场景。
（2）选择合适的灯光进行制作。

制作要点

第1步：启动中文版Cinema 4D 2024，打开配套场景文件"花瓶.c4d"，里面有一个花瓶模型，并且已经设置好了材质和摄像机，如图4-82所示。

第2步：单击"穹顶光"按钮（见图4-83），在场景中创建一个穹顶光。

图4-82

图4-83

第3步：穹顶光添加完成后，渲染场景，渲染效果如图4-84所示。

第4步：单击"IES光"按钮（见图4-85），在场景中创建一个IES光。

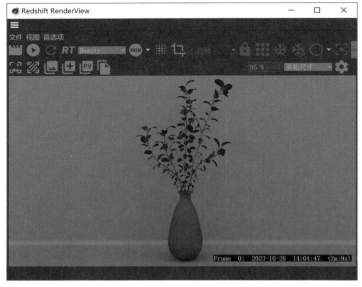

图4-84

图4-85

第5步：在场景中使用"移动"工具和"旋转"工具调整IES光至图4-86所示的位置和角度。

第6步：在"属性"面板中设置"强度"为"5"，"颜色"为黄色，为"IES轮廓"属性添加"shedeng.ies"文件，如图4-87所示。

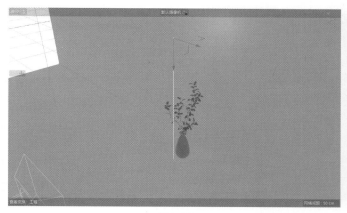

图4-86

图4-87

第7步：设置完成后，IES光的视图显示效果如图4-88所示。

第8步：渲染场景，渲染效果如图4-89所示。此时可以看到IES光产生的投影非常清楚，感觉不太自然。

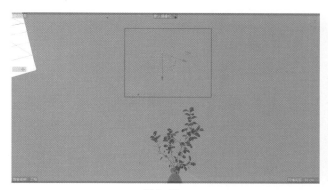

图4-88

图4-89

第9步：在"属性"面板中设置"柔化"为5，如图4-90所示。

第10步：再次渲染场景。本实例的最终渲染效果如图4-91所示。

图4-90

图4-91

第 **5** 章　摄像机技术

本章导读

本章将介绍中文版Cinema 4D 2024的摄像机技术，主要包括如何创建摄像机及其基本参数的设置。希望读者通过本章的学习，能够掌握摄像机的使用技巧。本章内容相对比较简单，希望大家勤加练习，熟练掌握。

学习要点

- ❖ 掌握摄像机的基本参数
- ❖ 掌握摄像机景深特效的制作方法

 摄像机概述

摄像机的参数、命令与现实生活中我们所使用的摄像机参数非常相似，比如焦距、光圈、尺寸等，也就是说，如果用户是一个摄像爱好者，那么学习本章的内容将会得心应手。另外，我们还可以为场景创建多个摄像机来记录场景中的美好角度。与其他章节的内容相比，摄像机的参数相对较少，但是并不意味着每个人都可以轻松学习并掌握摄像机技术，学习摄像机技术就像我们拍照一样，读者最好还是多学习一些有关画面构图方面的知识，以帮助自己将作品中较好的一面展示出来。图5-1和图5-2所示为笔者日常生活中拍摄的一些画面。

图5-1

图5-2

5.2 摄像机

新建场景文件后，默认视图即为默认摄像机的"透视视图"，如图5-3所示。读者需注意，这个默认摄像机的名称不会出现在"对象"面板中。单击菜单栏中的"摄像机"可以将当前的"透视视图"切换至下方的其他视图，如"左视图""右视图""正视图"等，如图5-4所示。

中文版Cinema 4D 2024还为用户提供了多种不同的摄像机工具，如图5-5所示。

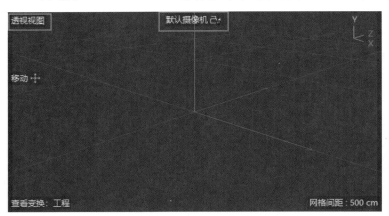

图5-3   图5-4   图5-5

5.2.1 标准

单击"标准"按钮，可以在场景中创建一个RS相机，如图5-6所示。其参数设置如图5-7所示。

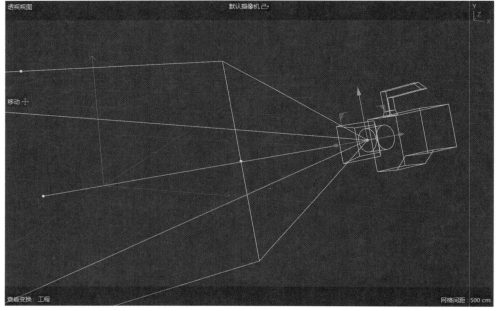

图5-6

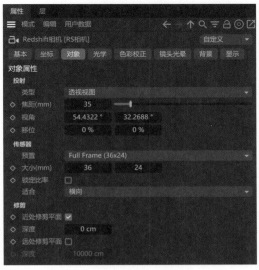

图5-7

工具解析

"投射"组

类型：可以在下拉列表中设置摄像机的类型，如图5-8所示。图5-9~图5-11所示分别为RS相机类型设置为"透视视图""鱼眼""球面"的视图显示效果。

图5-8

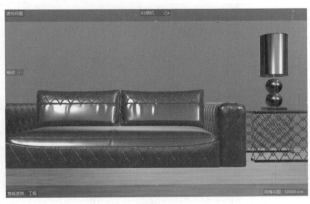

图5-9

图5-10

图5-11

焦距：用于设置摄像机的焦距长度值。该值与"视角"相互影响。

视角：用于设置摄像机的拍摄范围。该值与"焦距"相互影响。

移位：用于设置摄像机横向/竖向的偏移效果。

"传感器"组

预置：可以通过下拉列表来选择软件提供的"预置"相机型号，如图5-12所示。

大小（mm）：用于设置传感器的大小。

锁定比率：勾选该复选框可以锁定"大小"的比率。

"修剪"组

近处修剪平面：勾选该复选框可以开启近处修剪平面计算。

深度：用于设置近处值。

远处修剪平面：勾选该复选框可以开启远处修剪平面计算。

深度：用于设置远处值。

图5-12

5.2.2 运动摄像机

单击"运动摄像机"按钮，可以在场景中创建一个运动摄像机。运动摄像机的图标看起来好像一个小人在肩膀上扛着一架摄像机，如图5-13所示。使用运动摄像机可以很方便地模拟出摄影师扛着摄像机走路拍摄时产生的镜头随机抖动效果，其参数设置如图5-14所示。

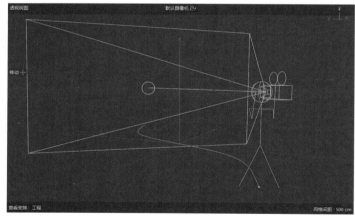

图5-13

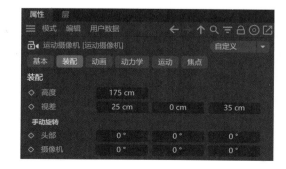

图5-14

工具解析

高度：用于设置摄像机的高度。

视差：用于设置摄像机在3个不同轴向上的偏移值。

"手动旋转"组

头部：用于设置绿色小人头部的旋转角度。

摄像机：用于设置摄像机的旋转角度。

5.3 课堂实例：创建摄像机

本实例详细讲解摄像机的创建及设置技巧，最终完成效果如图5-15所示。

图5-15

效果文件　客厅-完成.c4d

素材文件　客厅.c4d

视频名称　视频文件>第5章> 创建摄像机.mp4

微课视频

 制作思路

（1）创建摄像机。

（2）锁定摄像机。

 操作步骤

5.3.1 创建RS相机

（1）启动中文版Cinema 4D 2024，打开配套场景文件"客厅.c4d"，如图5-16所示。

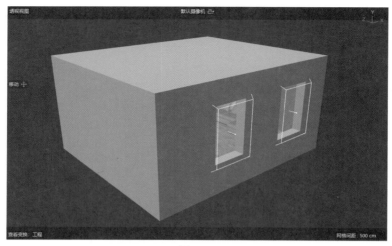

图5-16

（2）选中场景中的茶几模型，如图5-17所示。

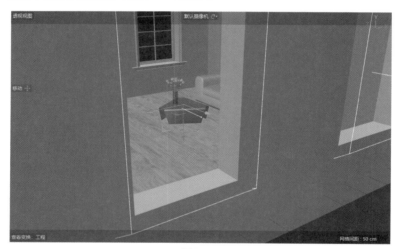

图5-17

（3）单击鼠标右键并执行"框显选择中的对象"命令，如图5-18所示。此时茶几模型在视图中被框显出来，如图5-19所示。

图5-18

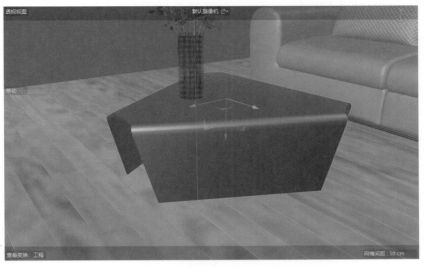

图5-19

（4）调整"透视视图"的观察角度，如图5-20所示。

图5-20

（5）单击工作界面上的"标准"按钮，如图5-21所示。此时可根据当前视图的角度创建一个RS相机，创建完成后，观察"对象"面板，单击该相机名称后面的方形标记，如图5-22所示。这样就可将当前视图切换至RS相机的"透视视图"。

图5-21

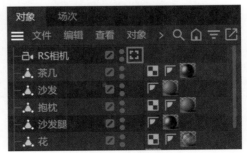

图5-22

（6）在"属性"面板中设置"变换"卷展栏下方的参数值来微调RS相机的位置及角度，如图5-23所示。

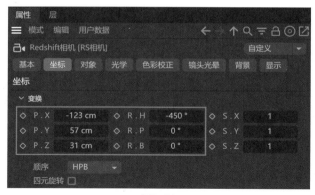

图5-23

（7）最终调整好的RS相机的拍摄角度如图5-24所示。

图5-24

可以将鼠标指针放置于"透视视图"中上下左右的4个点上（见图5-25），按住并缓缓拖曳鼠标来调整摄像机的拍摄范围。

图5-25

（8）设置完成后，渲染场景，添加了RS相机后的渲染效果如图5-26所示。

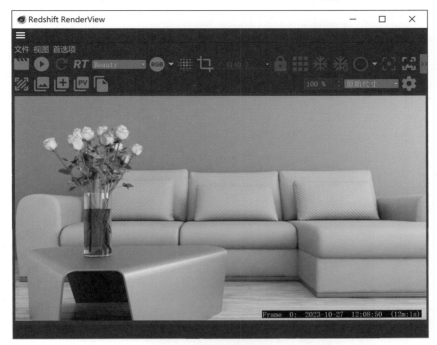

图5-26

5.3.2 锁定RS相机

（1）RS相机创建完成后，为了防止出现不小心改动了RS相机拍摄角度的误操作，我们可以将RS相机锁定。在"对象"面板中选择RS相机，单击鼠标右键并执行"装配标签/保护"命令，为选择的摄像机添加一个保护标签。添加完成后，摄像机的名称后面会出现"保护"标签的图标，如图5-27所示。

图5-27

 如取消保护，用户可以在"对象"面板中单击选择"保护"标签，按Delete键将其删除。

（2）选择RS相机，在第0帧处单击"记录活动对象"按钮（见图5-28），为摄像机添加关键帧。

（3）设置完成后，可以在工作界面下方左侧看到刚刚为摄像机添加的关键帧，如图5-29所示。

图5-28

图5-29

（4）在"属性"面板中也可以看到"坐标"卷展栏下方的参数前面显示出红色的菱形标记，说明这些参数均被设置了关键帧，如图5-30所示。

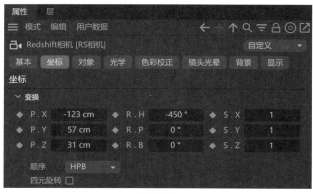

图5-30

（5）此时仍然可以在场景中随意更改摄像机的拍摄角度，然后拖动"时间滑块"按钮来还原摄像机记录了关键帧的位置及角度。

5.4 课堂实例：制作相机漫游动画

本实例详细讲解相机漫游动画的设置技巧，最终完成效果如图5-31所示。

图5-31

Cinema 4D 2024三维建模实战教程（全彩微课版）

效果文件	客厅–漫游完成.c4d
素材文件	客厅.c4d
视频名称	视频文件>第5章> 制作相机漫游动画.mp4

微课视频

 制作思路

（1）创建运动摄像机。
（2）为运动摄像机设置路径动画。

 操作步骤

（1）启动中文版Cinema 4D 2024，打开配套场景文件"客厅.c4d"，如图5-32所示。

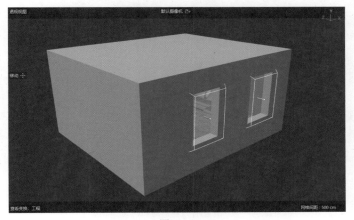

图5-32

（2）单击"运动摄像机"按钮，如图5-33所示。此时在场景中创建一个由绿色小人扛在肩膀上的运动摄像机，如图5-34所示。

图5-33

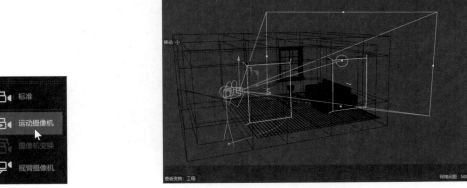

图5-34

135

（3）在"对象"面板中可以看到创建的"运动摄像机设置"由路径样条、目标和运动摄像机这3个对象组成，如图5-35所示。

图5-35

（4）选择路径样条，在"顶视图"中调整路径样条至图5-36所示的曲线形状。

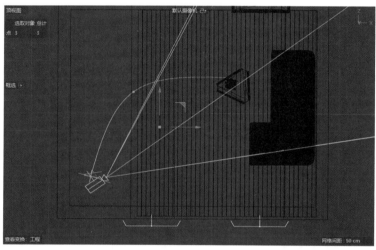

图5-36

（5）选择目标，将其调整至图5-37所示的位置。

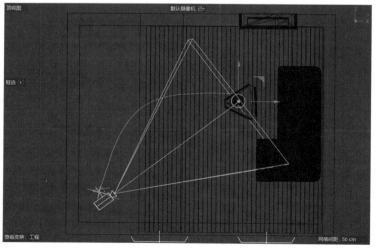

图5-37

（6）在"正视图"中调整目标至图5-38所示的位置。

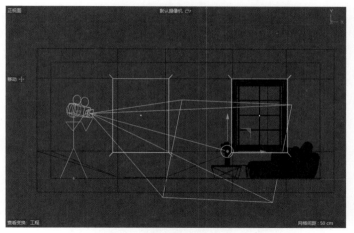

图5-38

（7）在第0帧处将视图切换至"运动摄像机"的"透视视图"中，如图5-39所示。

图5-39

（8）在"属性"面板中单击"摄像机位置A"前面的菱形标记，为其设置关键帧，如图5-40所示。

（9）在第90帧处设置"摄像机位置A"为70%，并再次为其设置关键帧，如图5-41所示。

图5-40

图5-41

（10）在"运动"组中设置"步履"的"强度"为100%，"头部旋转"的"强度"为100%，如图5-42所示。这样就可以得到更加明显的镜头晃动效果。

图5-42

> 💡 **技巧与提示**　将步履、头部旋转、摄像机旋转和摄像机位置的强度均设置为0%，可以得到非常平稳的相机镜头漫游效果。

（11）本实例制作完成后的相机漫游动画效果如图5-43所示。

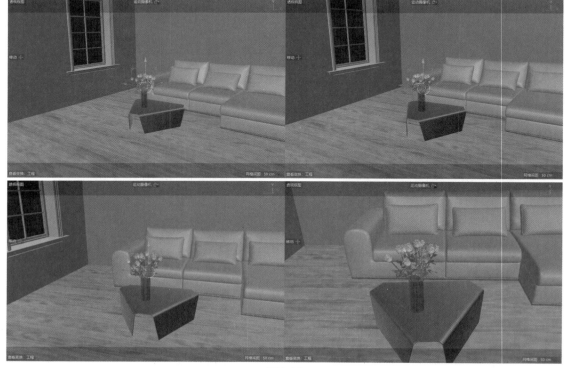

图5-43

5.5 课后习题：制作景深效果

在本习题中，我们使用上一节完成的文件来详细讲解使用摄像机渲染景深效果的方法。本习题的最终渲染效果如图5-44所示。

图5-44

效果文件　客厅-景深完成.c4d

素材文件　客厅-完成.c4d

视频名称　视频文件>第5章> 制作景深效果.mp4

微课视频

制作思路

（1）开启景深计算。

（2）设置景深的程度。

制作要点：

第1步：启动中文版Cinema 4D 2024，打开配套场景文件"客厅-完成.c4d"，如图5-45所示。

图5-45

第2步：将视图切换至"默认摄像机"的"正视图"，可以观察到RS相机的目标点处于一个非常远的位置，如图5-46所示。

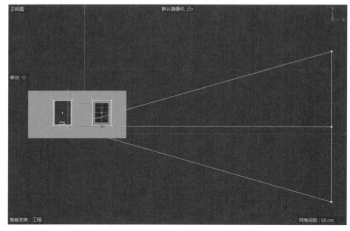

图5-46

第3步：在"正视图"中调整目标点至图5-47所示的花瓶处。

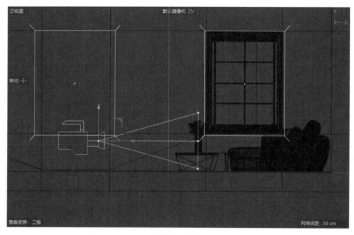

图5-47

第4步：在"属性"面板中勾选Bokeh复选框，设置"孔径（f/#）"为0.5，如图5-48所示。

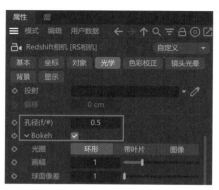

图5-48

第5步：渲染场景，渲染效果如图5-49所示。

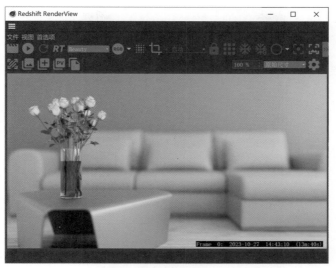

图5-49

第6步：在"属性"面板中设置"投射"为"抱枕"，"孔径（f/#）"为0.2，"光圈"为"带叶片"，如图5-50所示。

第7步：再次渲染场景。本实例的最终渲染效果如图5-51所示。

图5-50

图5-51

第 6 章　材质与纹理

本章导读

　　本章将介绍中文版Cinema 4D 2024的材质及纹理技术，通过讲解常用材质的制作方法来帮助读者掌握各种材质和纹理的知识点。好的材质不但可以美化模型，加强模型的质感表现，还能弥补模型本身的欠缺与不足。本章是非常重要的章节，请读者务必对本章内容多加练习，熟练掌握材质的设置方法与技巧。

学习要点

　　❖　了解材质的类型

　　❖　掌握默认材质的基本参数

　　❖　掌握常见材质的制作方法

6.1 材质概述

中文版Cinema 4D 2024为用户提供了功能丰富的材质编辑系统，用于模拟自然界中存在的各种各样的物体质感。就像绘画中的色彩一样，材质可以为我们的三维模型注入生命，使得场景充满活力，且渲染出来的作品仿佛就是存在于这真实的世界中一样。中文版Cinema 4D 2024的默认渲染器为Redshift渲染器，其默认材质可以非常方便地制作出物体的表面纹理、高光、透明度、自发光、反射及折射等多种属性。要想利用这些属性制作出效果逼真的质感纹理，读者应多多观察真实世界中物体的质感特征。图6-1~图6-4所示为笔者拍摄的几种较为常见的质感照片。

图6-1

图6-2

图6-3

图6-4

6.2 常用材质

6.2.1 默认材质

默认材质是中文版Cinema 4D 2024为用户提供的功能强大的材质类型，就像3ds Max的"物理材质"和Maya的"标准曲面材质"一样。使用该材质几乎可以制作出我们日常生活中所接触的绝大部分材质，如陶瓷、金属、玻璃、家具等。选中对象，单击鼠标右键，在弹出的快捷菜单中选择"创建默认材质"命令，即可为选中对象创建默认材质。其参数主要分布于"属性"面板中"材质"卷展栏下的多个卷展栏中，如图6-5所示。

图6-5

1. "基底"卷展栏

"基底"卷展栏中的参数设置如图6-6所示。

工具解析

颜色：用于设置默认材质的颜色。

权重：用于设置颜色的权重。

漫反射模型：可以从下拉列表中选择漫反射模型，如图6-7所示。

图6-6

图6-7

漫反射粗糙度：用于设置漫反射的粗糙程度。

金属感：用于设置默认材质的金属效果。图6-8所示为该值分别是0和1时的材质渲染效果。

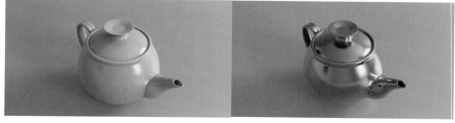

图6-8

2. "反射" 卷展栏

"反射" 卷展栏中的参数设置如图6-9所示。

图6-9

🖱 工具解析

颜色：用于设置反射的颜色。

权重：用于设置反射颜色的权重。

粗糙度：用于设置反射的粗糙度。图6-10所示分别为该值是0.1和0.4时的材质渲染效果。

图6-10

IOR：用于设置材质的折射率。

各向异性：用于设置反射的各向异性效果。图6-11所示为该值为1时的材质渲染效果。

图6-11

旋转：用于设置各向异性反射的旋转效果。图6-12所示为该值分别是0.1和0.3时的材质渲染效果。

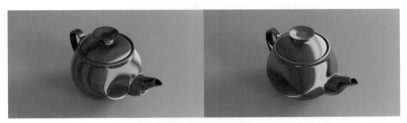

图6-12

采样：用于设置反射的采样值。

3. "透射" 卷展栏

"透射" 卷展栏中的参数设置如图6-13所示。

颜色：用于设置透射的颜色。

权重：用于设置透射的权重值。图6-14所示为该值为1时的材质渲染效果。

图6-13

图6-14

额外粗糙度：用于设置透射的额外粗糙程度。

采样：用于设置透射的采样值。

深度：用于设置透射的计算深度。

散射颜色：用于设置透射发生散射效果的颜色。

散射各向异性：用于设置材质的散射各向异性效果。

采样：用于设置散射的采样值。

色散（Abbe）：用于设置材质的色散效果。

4."次表面"卷展栏

"次表面"卷展栏中的参数设置如图6-15所示。

🖱 **工具解析**

颜色：用于设置次表面的颜色。

权重：用于设置次表面的权重。图6-16所示为"颜色"是绿色，"权重"是1时的材质渲染效果。

图6-15

图6-16

缩放：用于设置次表面材质的通透程度。图6-17所示分别为该值是0.2和5时的材质渲染效果。

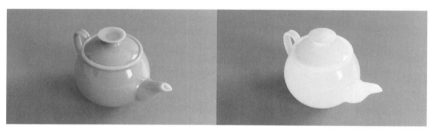
图6-17

Cinema 4D 2024三维建模实战教程（全彩微课版）

各向异性：设置次表面的各向异性效果。

模式：可以从下拉列表中选择次表面的模式，如图6-18所示。

采样：用于设置次表面的采样值。

5. "光泽"卷展栏

"光泽"卷展栏中的参数设置如图6-19所示。

图6-18 图6-19

工具解析

颜色：用于设置光泽的颜色。

权重：用于设置光泽的权重。图6-20所示为"颜色"是红色，"权重"是1时的材质渲染效果。

粗糙度：用于设置光泽的粗糙程度。

采样：用于设置光泽的采样值。

6. "发光"卷展栏

"发光"卷展栏中的参数设置如图6-21所示。

图6-20

图6-21

工具解析

颜色：用于设置发光的颜色。

权重：用于设置发光的权重。图6-22所示为"颜色"是红色，"权重"是5时的材质渲染效果。

图6-22

7. "几何体"卷展栏

"几何体"卷展栏中的参数设置如图6-23所示。

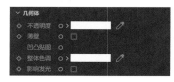
图6-23

工具解析

不透明度: 用于设置材质的不透明程度。白色为完全不透明, 黑色为完全透明。

薄壁: 用于模拟非常薄的物体材质, 如饮料瓶、肥皂泡等。

凹凸贴图: 通过为材质添加贴图来制作出材质表面的凹凸效果。

6.2.2 标准材质

标准材质也是中文版Cinema 4D 2024为用户提供的功能强大的材质类型, 使用标准材质配合Cinema 4D 的物理渲染器同样可以渲染出非常逼真的渲染效果。其参数主要分布于"属性"面板中的各个命令组中。下面详细讲解其中较为常用的参数。

1. "颜色"组

"颜色"组中的参数设置如图6-24所示。

图6-24

工具解析

颜色: 用于设置材质的颜色。图6-25所示为分别设置了不同颜色的材质渲染效果。

图6-25

亮度: 用于设置颜色的亮度。

纹理: 用于控制材质的表面。

混合模式: 用于设置颜色与纹理的混合模式。

混合强度: 用于设置混合模式的强度。

2. "透明"组

"透明"组中的参数设置如图6-26所示。

图6-26

工具解析

颜色: 用于设置透明的颜色。图6-27所示为分别设置了不同颜色的渲染效果。

图6-27

亮度：用于设置透明颜色的亮度。

折射率预设：可以从下拉列表中选择常用物体的折射率，如图6-28所示。

折射率：用于设置材质的折射率。

全内部反射：用于计算材质的内部反射。

双面反射：用于计算材质的双面反射。

纹理：用于控制透明材质的颜色。

混合模式：用于设置纹理与颜色的混合模式。

混合强度：用于设置纹理与颜色混合的强度。

3. "默认高光"组

"默认高光"组中的参数设置如图6-29所示。

图6-28

图6-29

工具解析

类型：用于设置默认高光的类型。

衰减：用于设置默认高光的衰减方式。

粗糙度：用于设置材质反射的粗糙程度。图6-30所示为该值分别是0%和20%时的渲染效果。

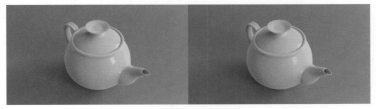

图6-30

反射强度：用于设置材质的反射强度。

高光强度：用于设置材质的高光强度。

凹凸强度：用于设置材质的凹凸强度。

149

4."凹凸"组

"凹凸"组中的参数设置如图6-31所示。

图6-31

 **工具解析**

强度：用于设置材质的凹凸强度。

纹理：用于控制材质的凹凸效果。图6-32所示为分别使用"噪波"纹理和"像素化"纹理制作的材质渲染效果。

图6-32

6.3 材质管理器

"材质管理器"面板可以显示场景中的所有材质，我们可以在该面板中对材质进行添加或删除。单击工作界面上的"材质管理器"按钮（见图6-33），可以打开"材质管理器"面板，如图6-34所示。

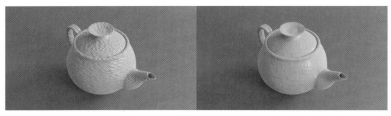

图6-33

图6-34

 **工具解析**

➕新的默认材质：单击该按钮可以在"材质管理器"中创建一个新的默认材质。

↗应用：单击该按钮可以将选中的材质应用给选中的模型。

🖉选择活动对象材质：单击该按钮可以将选中模型的材质显示在"属性"面板中。

🗑删除：单击该按钮可以删除选择的材质。

6.4 常用纹理

使用贴图纹理的效果要比仅仅使用单一颜色能更加直观地表现出物体的真实质感。添加纹理可以使物体的表面看起来更加细腻、逼真；配合材质的反射、折射、凹凸等属性，可以使渲染出来的场景更加真实和自然。中文版Cinema 4D 2024为用户提供了多种不同类型的纹理，我们首先学习其中较为常用的纹理类型。

6.4.1 平铺

使用"平铺"纹理可以快速制作出一些颜色的规则排列效果，其参数主要分布于"颜色""图案"和"噪声"卷展栏中，如图6-35所示。

1."颜色"卷展栏

"颜色"卷展栏中的参数设置如图6-36所示。

 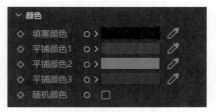

图6-35　　　　　　　　　　　　　　　　图6-36

🖱 **工具解析**

填塞颜色：用于设置平铺的填塞颜色。

平铺颜色1/平铺颜色2/平铺颜色3：用于设置平铺的3种颜色。

随机颜色：勾选该复选框，平铺颜色随机显示。

2."图案"卷展栏

"图案"卷展栏中的参数设置如图6-37所示。

图6-37

🖱 **工具解析**

图案：用户可以在下拉列表中设置图案的类型，如图6-38所示。图6-39~图6-44所示分别为图案为"方形""砖块1""圆形1""六边形""锯齿1""编织"时的材质渲染效果。

图6-38

图6-39

图6-40

图6-41　　　　　　　　　　　　　　　　　图6-42

图6-43　　　　　　　　　　　　　　　　　图6-44

填塞宽度：用于设置填塞线条的宽度。

斜角宽度：用于设置图案斜角的宽度。

全局缩放：用于缩放图案的大小。图6-45所示分别为该值是1和0.3时的材质渲染效果。

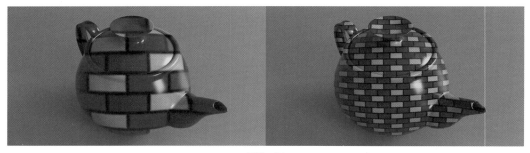

图6-45

U缩放/V缩放：用于控制在U方向/V方向上的缩放。

旋转：用于控制平铺纹理的旋转效果。

3.“噪声”卷展栏

“噪声”卷展栏中的参数设置如图6-46所示。

图6-46

工具解析

种子：当“图案”设置为“随机”时，激活该参数，用于设置平铺纹理的随机图案效果。图6-47所示分别为该值为不同数值时的材质渲染效果。

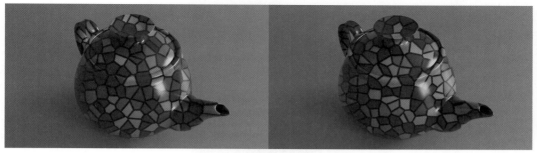

图6-47

纹理

使用"纹理"可以将一张图像用作材质的表面纹理，其参数设置如图6-48所示。

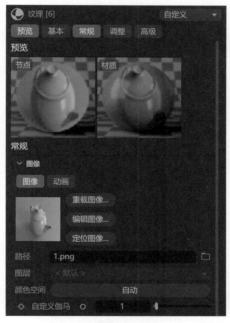

图6-48

工具解析

"重载图像"按钮：单击该按钮可以重新加载图像。

"编辑图像"按钮：单击该按钮可以使用外部图像软件打开图像。

"定位图像"按钮：单击该按钮可以打开图像所在的文件夹。

路径：用于显示图像所在的路径。

自定义伽马：用于调整图像的伽马值。

6.4.3 线框

使用"线框"纹理可以将模型的线条结构渲染出来，其参数设置如图6-49所示。

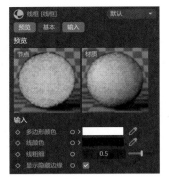

图6-49

多边形颜色：用于设置多边形的颜色。图6-50所示分别为设置了不同多边形颜色的材质渲染效果。

图6-50

线颜色：用于设置线的颜色。

线粗细：用于设置线条的粗细。

显示隐藏边缘：勾选该复选框可以渲染出隐藏的边线。图6-51所示分别为勾选复选框前后的材质渲染效果。

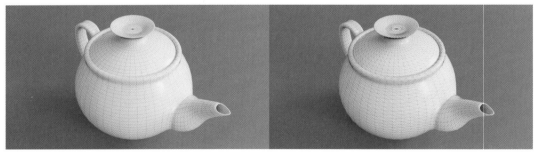

图6-51

6.5 课堂实例：制作玻璃材质

本实例详细讲解玻璃材质的制作方法，最终完成效果如图6-52所示。

Cinema 4D 2024三维建模实战教程（全彩微课版）

图6-52

效果文件	玻璃材质-完成.c4d
素材文件	玻璃材质.c4d
视频名称	视频文件>第6章> 制作玻璃材质.mp4

微课视频

制作思路

（1）观察场景文件。
（2）为模型设置默认材质。
（3）思考使用哪些参数可以得到玻璃效果。

操作步骤

（1）启动中文版Cinema 4D 2024，打开配套场景文件"玻璃材质.c4d"。本实例为一个简单的室内模型，里面主要包含一组玻璃杯子模型以及简单的配景模型，并且已经设置好了灯光及摄像机，如图6-53所示。

（2）选中场景中的杯子模型，如图6-54所示。

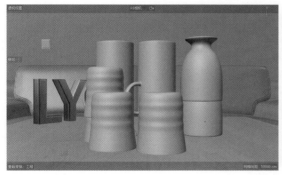

图6-53

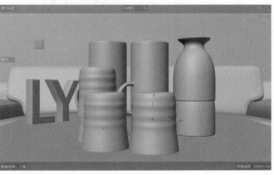

图6-54

（3）单击鼠标右键并执行"创建默认材质"命令，如图6-55所示。

（4）在"属性"面板中更改材质的名称为"玻璃"，如图6-56所示。

图6-55

图6-56

（5）在"反射"卷展栏中设置"粗糙度"为0，如图6-57所示。

（6）在"透射"面板中设置"权重"为1，如图6-58所示。

图6-57

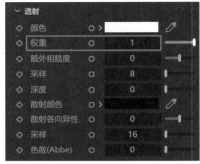
图6-58

（7）制作完成后的玻璃材质预览效果如图6-59所示。

（8）本实例的最终渲染效果如图6-60所示。

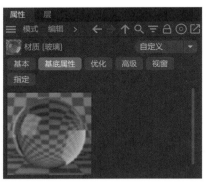
图6-59

图6-60

6.6 课堂实例：制作金属材质

本实例详细讲解金属材质的制作方法，最终完成效果如图6-61所示。

图6-61

效果
文件　　金属材质-完成.c4d

微课
视频

素材
文件　　金属材质.c4d

视频
名称　　视频文件>第6章> 制作金属材质.mp4

制作思路

（1）观察场景文件。
（2）为模型设置默认材质。
（3）思考使用哪些参数可以得到金属效果。

操作步骤

（1）启动中文版Cinema 4D 2024，打开配套场景文件"金属材质.c4d"。本实例为一个简单的室内模型，里面主要包含1个罐子模型以及简单的配景模型，并且已经设置好了灯光及摄像机，如图6-62所示。

（2）选中场景中的罐子模型，并为其指定默认材质，如图6-63所示。

图6-62

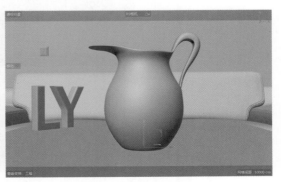

图6-63

（3）在"属性"面板中更改材质的名称为"金属"，如图6-64所示。

（4）在"基底"卷展栏中设置"颜色"为黄色，"金属感"为1，如图6-65所示。其中，"颜色"的参数设置如图6-66所示。

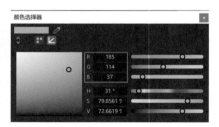

图6-64　　　　　　　　　　　图6-65　　　　　　　　　　　图6-66

（5）在"反射"卷展栏中设置"粗糙度"为0.35，如图6-67所示。

（6）制作完成后的金属材质预览效果如图6-68所示。

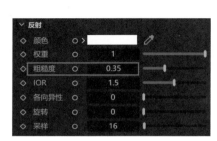

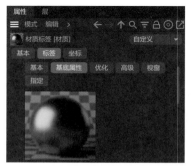

图6-67　　　　　　　　　　　　　　图6-68

（7）本实例的最终渲染效果如图6-69所示。

图6-69

课堂实例：制作玉石材质

本实例详细讲解玉石材质的制作方法，最终完成效果如图6-70所示。

图6-70

效果 文件	玉石材质-完成.c4d

微课视频

素材 文件	玉石材质.c4d

视频 名称	视频文件>第6章> 制作玉石材质.mp4

制作思路

（1）观察场景文件。
（2）为模型设置默认材质。
（3）思考使用哪些参数可以得到玉石效果。

操作步骤

（1）启动中文版Cinema 4D 2024，打开配套场景文件"玉石材质.c4d"。本实例为一个简单的室内模型，里面主要包含1个小马形状的雕塑模型以及简单的配景模型，并且已经设置好了灯光及摄像机，如图6-71所示。

（2）选中场景中的小马模型，并为其指定默认材质，如图6-72所示。

图6-71

图6-72

（3）在"属性"面板中更改材质的名称为"玉石"，如图6-73所示。

（4）在"反射"卷展栏中设置"粗糙度"为0，如图6-74所示。

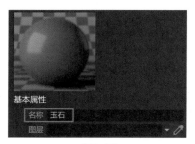

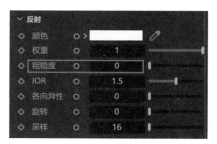

图6-73

图6-74

（5）在"次表面"卷展栏中设置"颜色"为绿色，"权重"为1，"缩放"为0.5，如图6-75所示。其中，颜色的参数设置如图6-76所示。

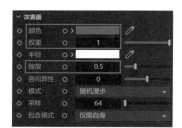

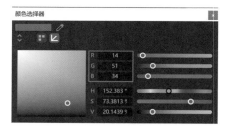

图6-75

图6-76

💡 **技巧与提示**　"次表面"的"权重"设置为1后，玉石的颜色由"次表面"的"颜色"控制。

（6）制作完成后的玉石材质预览效果如图6-77所示。

（7）本实例的最终渲染效果如图6-78所示。

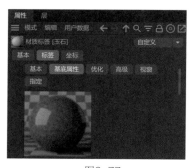

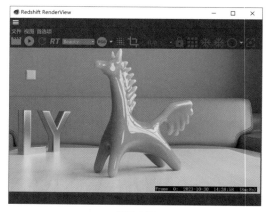

图6-77

图6-78

6.8　课堂实例：制作儿童画材质

本实例详细讲解儿童画材质的制作方法，最终完成效果如图6-79所示。

图6-79

效果文件	儿童画材质-完成.c4d
素材文件	儿童画材质.c4d
视频名称	视频文件>第6章> 制作儿童画材质.mp4

微课视频

制作思路

（1）观察场景文件。
（2）为模型设置默认材质。
（3）思考使用哪些参数可以得到儿童画效果。

操作步骤

（1）启动中文版Cinema 4D 2024，打开配套场景文件"儿童画材质.c4d"。本实例为一个简单的室内模型，里面主要包含1个画框模型以及简单的配景模型，并且已经设置好了灯光及摄像机，如图6-80所示。

（2）选中场景中的画框模型，并为其指定默认材质，如图6-81所示。

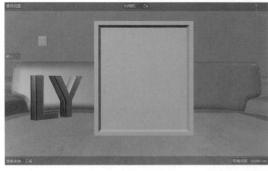

图6-80

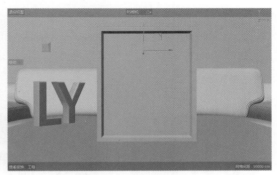

图6-81

（3）在"属性"面板中更改材质的名称为"棕色画框"，如图6-82所示。

（4）在"基底属性"卷展栏中设置"颜色"为棕色，如图6-83所示。其中，颜色的参数设置如图6-84所示。

图6-82

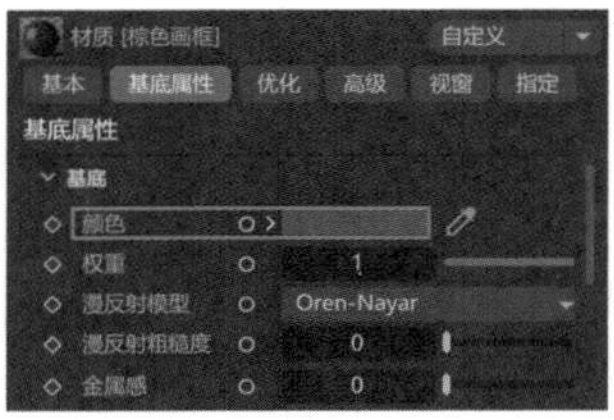

图6-84

图6-83

（5）制作完成后的画框模型显示效果如图6-85所示。

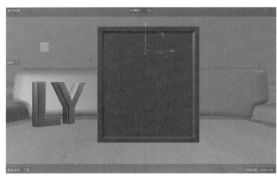
图6-85

（6）单击"视窗独显"按钮，如图6-86所示。将画框模型单独显示出来，并选择图6-87所示的面。

图6-86

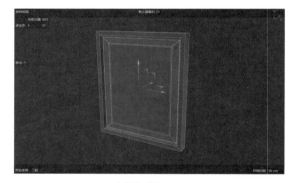
图6-87

（7）在"材质管理器"面板中新建一个默认材质，并将其指定给选择的面。在"属性"面板中更改材质的名称为"白色"，如图6-88所示。

（8）在"基底"卷展栏中设置"颜色"为白色，如图6-89所示。

（9）在"反射"卷展栏中设置"粗糙度"为0.5，如图6-90所示。

图6-88

图6-89

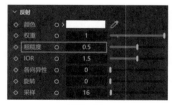
图6-90

（10）制作完成后的画框模型显示效果如图6-91所示。

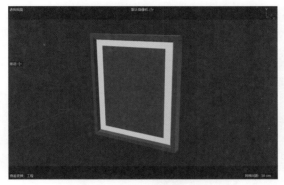

图6-91

（11）选中图6-92所示的面，以同样的操作步骤为其添加一个新的默认材质，并在"属性"面板中更改材质的名称为"金色"，如图6-93所示。

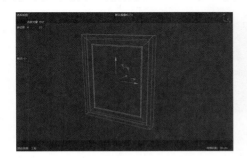

图6-92

图6-93

（12）在"基底"卷展栏中设置"颜色"为黄色，"金属感"为1，如图6-94所示。其中，颜色的参数设置如图6-95所示。

图6-94

图6-95

（13）制作完成后的画框模型显示效果如图6-96所示。

图6-96

（14）选中图6-97所示的面，以同样的操作步骤为其添加一个新的默认材质，并在"属性"面板中更改材质的名称为"儿童画"，如图6-98所示。

图6-97 图6-98

（15）在"基底"卷展栏中单击"颜色"后面的圆形按钮，如图6-99所示。

图6-99

（16）在弹出的菜单中执行"载入纹理"命令，如图6-100所示。为"颜色"属性添加一张"儿童画.jpg"贴图后，可以看到"颜色"属性后面显示出贴图的名称，如图6-101所示。

图6-100 图6-101

（17）在"属性"面板中设置"投射"为"平直"，如图6-102所示。
（18）在"纹理模式"中调整UV至图6-103所示的大小。

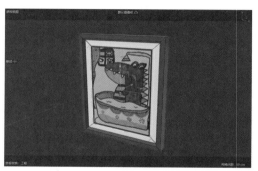

图6-102 图6-103

（19）本实例的最终渲染效果如图6-104所示。

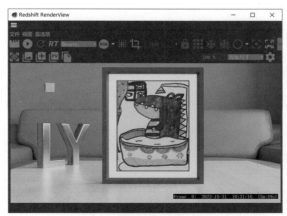

图6-104

6.9 课后习题：制作线框材质

本习题详细讲解线框材质的制作方法，最终完成效果如图6-105所示。

图6-105

效果文件	线框材质-完成.c4d

素材文件	线框材质.c4d

视频名称	视频文件>第6章> 制作线框材质.mp4

微课视频

制作思路

（1）观察场景文件。

（2）为模型设置默认材质。

（3）思考使用哪些参数可以得到线框效果。

制作要点

第1步：启动中文版Cinema 4D 2024，打开本书的配套场景文件"线框材质.c4d"。本实例为一个简单的室内模型，里面主要包含1个小羊模型以及简单的配景模型，并且已经设置好了灯光及摄像机，如图6-106所示。

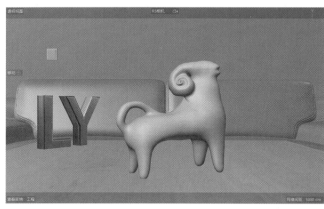

图6-106

第2步：选中场景中的小羊模型，为其指定默认材质，如图6-107所示。

图6-107

第3步：在"属性"面板中更改材质的名称为"线框"，如图6-108所示。

第4步：在"基底"卷展栏中单击"颜色"后面的圆形按钮，如图6-109所示。

图6-108

图6-109

第5步：在弹出的菜单中执行"连接节点 > 纹理 > 线框"命令，为"颜色"属性添加"线框"纹理后，可以看到"颜色"属性后面显示出纹理的名称，如图6-110所示。

第6步：在"输入"组中取消勾选"显示隐藏边缘"复选框，如图6-111所示。

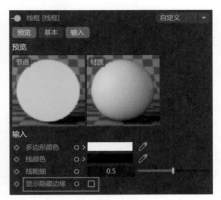

图6-110   图6-111

第7步：本实例的最终渲染效果如图6-112所示。

图6-112

第 **7** 章　渲染技术

本章导读

　　本章将介绍中文版Cinema 4D 2024的渲染技术，笔者通过实例讲解其默认渲染器Redshift渲染器的基本参数和使用方法。

学习要点

　　❖　了解渲染器的基础知识

　　❖　掌握Redshift渲染器的基本参数

7.1 渲染概述

我们在中文版Cinema 4D 2024中制作出来的场景模型无论多么细致，都离不开材质和灯光的辅助；我们在视图中看到的画面无论显示得多么精美，都比不了执行渲染命令后计算得到的图像结果。可以说没有渲染，我们永远也无法将最优秀的作品展示给观者。那什么是"渲染"呢？狭义地讲，渲染通常是指我们在软件的"渲染属性"面板中进行的参数设置。广义地讲，渲染包括对模型的材质制作、灯光设置、摄影机摆放等一系列的工作流程。

使用三维软件制作项目时，常见的工作流程大多是按照"建模>灯光>材质>摄影机>渲染"来进行的，而渲染之所以放在最后，说明这一操作是计算之前流程的最终步骤。图7-1和图7-2所示为笔者制作的三维渲染作品。

图7-1

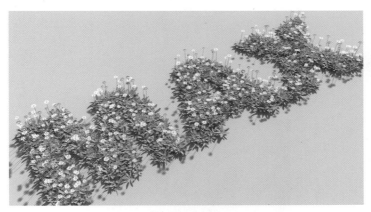

图7-2

中文版Cinema 4D 2024包有4个渲染器，除了默认的Redshift渲染器外，还有"标准""物理""视窗渲染器"，如图7-3所示。用户可以在"渲染设置"面板中选择使用某个渲染引擎进行渲染，相对而言，Redshift渲染器和"物理"渲染器的渲染效果更加理想，"标准"渲染器的渲染速度较快，而"视窗渲染器"则类似于对视窗进行截图。读者需要注意的是，在进行材质设置前，要先规划好项目使用哪个渲染引擎进行渲染，因为有些材质在不同的渲染引擎中得到的效果完全不同。

图7-3

169

7.2 渲染设置

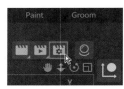

图7-4

在工作界面上单击"编辑渲染设置"按钮（见图7-4），即可打开"渲染设置"面板，如图7-5所示。

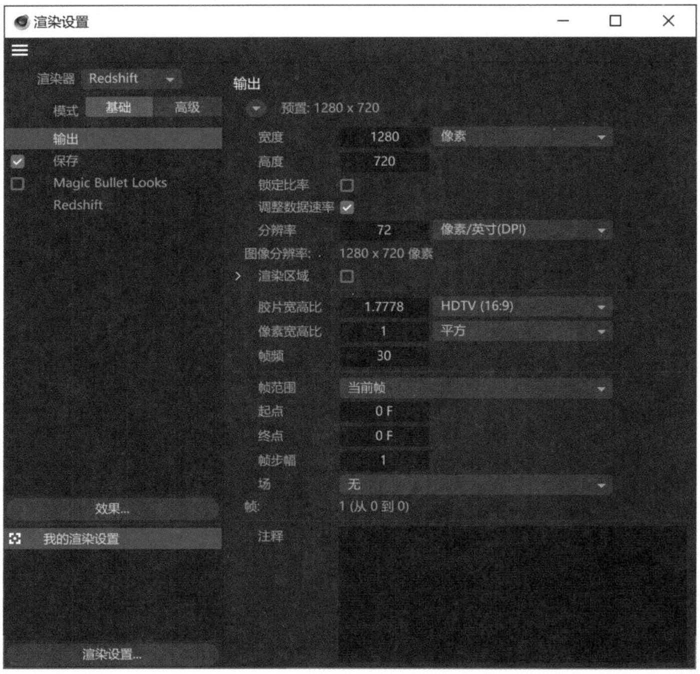

图7-5

7.2.1 "输出"组

在"渲染设置"面板中，"输出"组中的参数设置如图7-6所示。

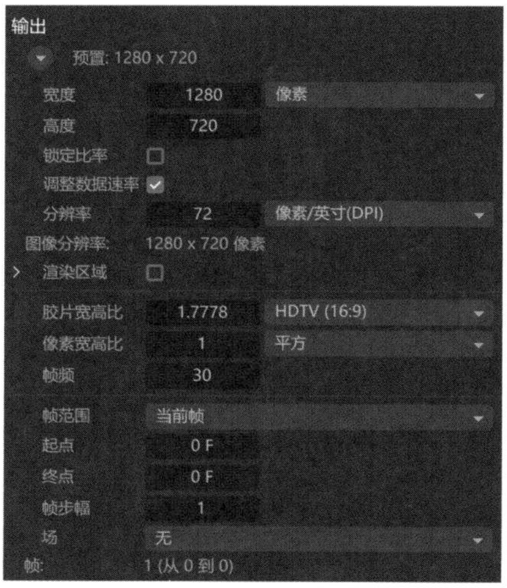

图7-6

Cinema 4D 2024三维建模实战教程（全彩微课版）

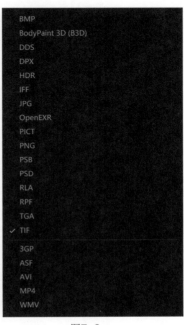

工具解析

"预置"下拉列表：用户可以在下拉列表中选择产品的渲染尺寸。
宽度：用于设置渲染图像的宽度。
高度：用于设置渲染图像的高度。
锁定比率：用于设置锁定图像的宽度/高度比率。
分辨率：用于设置渲染图像的分辨率。
胶片宽高比：用于设置图像的宽高比。
像素宽高比：用于设置图像像素的宽高比。
帧频：用于设置每秒的帧频。
起点：用于设置渲染动画序列帧的起点帧。
终点：用于设置渲染动画序列帧的终点帧。
帧步幅：用于设置每帧的步幅值。

7.2.2 "保存"组

在"渲染设置"面板中，"保存"组中的参数设置如图7-7所示。

工具解析

保存：用于保存图像。
文件：用于设置渲染图像文件保存的位置。
格式：用于设置渲染图像文件的保存格式。软件默认的保存格式为TIF，用户可以在该下拉
列表中选择其他格式，如图7-8所示。
深度：用于设置TIF格式的深度。
名称：用于设置渲染图像文件的保存名称。
Alpha通道：用于设置文件是否需要保存Alpha通道。

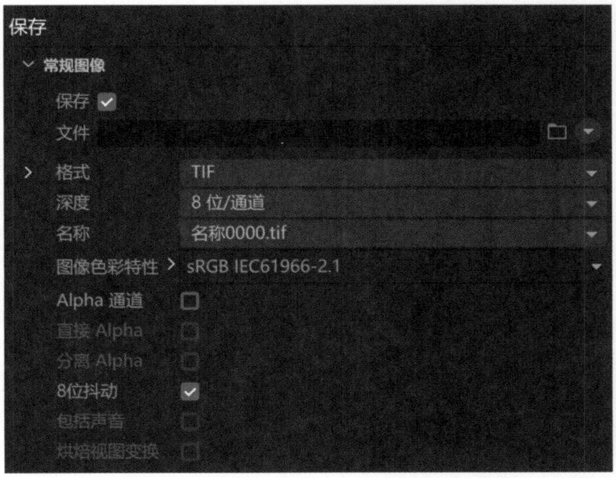

图7-7

图7-8

在"渲染设置"面板中，Redshift组中的参数设置如图7-9所示。

工具解析

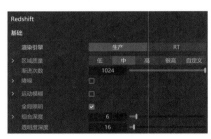
图7-9

渲染引擎：用于设置Redshift的渲染引擎。

区域质量：用于设置渲染引擎的区域质量，默认为"中"。当设置为"高"或"很高"后，可以得到较高的图像质量，同时渲染消耗的时间也会增加。

渐进次数：用于设置渲染图像的渐进次数。

降噪：用于对渲染图像进行降噪。

运动模糊：用于设置是否渲染运动模糊效果。

全局照明：用于设置是否开启全局照明计算。

组合深度：用于设置"全局照明""反射""折射""体积"的组合计算深度。

透明度深度：用于设置透明度的计算深度。

7.3 课堂实例：制作焦散效果

本实例详细讲解焦散效果的制作方法，最终完成效果如图7-10所示。

图7-10

效果文件　茶壶-焦散完成.c4d

素材文件　茶壶.c4d

视频名称　视频文件>第7章> 制作焦散效果.mp4

微课视频

Cinema 4D 2024三维建模实战教程（全彩微课版）

制作思路

（1）为茶壶模型制作玻璃材质。
（2）创建RS聚光灯。
（3）设置焦散渲染。

操作步骤

7.3.1 制作玻璃材质

（1）启动中文版Cinema 4D 2024，打开本书的配套场景文件"茶壶.c4d"。本实例为一个简单的室内模型，里面主要包含一个茶壶模型以及简单的配景模型，并且已经设置好了灯光及摄像机，如图7-11所示。

图7-11

（2）渲染场景，茶壶模型的默认渲染效果如图7-12所示。

图7-12

（3）选中茶壶模型，单击鼠标右键并执行"创建默认材质"命令，如图7-13所示。

（4）在"反射"卷展栏中设置"粗糙度"为0，如图7-14所示。

（5）在"透射"卷展栏中设置"权重"为1，如图7-15所示。

图7-13

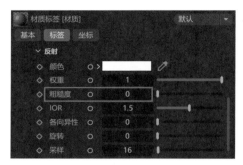

图7-14

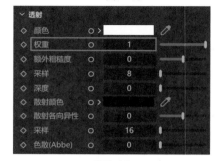

图7-15

（6）渲染场景，添加了玻璃材质的茶壶模型渲染效果如图7-16所示。

图7-16

（7）在"透射"卷展栏中设置"色散（Abbe）"为0.5，如图7-17所示。

（8）设置完成后，玻璃材质的预览效果如图7-18所示。

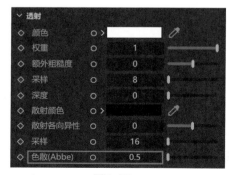

图7-17

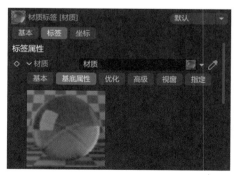

图7-18

（9）渲染场景，添加了色散效果的玻璃材质渲染效果如图7-19所示。

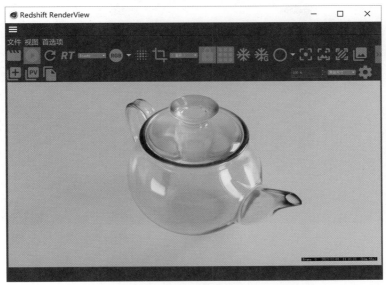

图7-19

技巧与提示　添加色散效果后，玻璃材质的渲染时间明显增加了许多。

7.3.2　创建RS聚光灯

（1）单击"聚光灯"按钮（见图7-20），即可在场景中创建一个RS聚光灯。

（2）在"顶视图"中调整RS聚光灯至图7-21所示的位置及角度。

图7-20

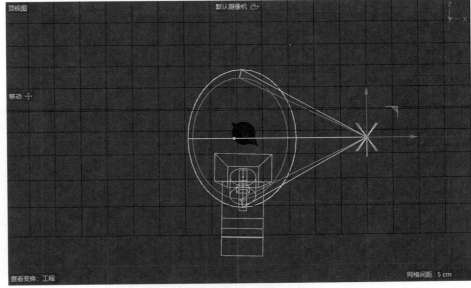

图7-21

（3）在"正视图"中调整RS聚光灯至图7-22所示的位置及角度。

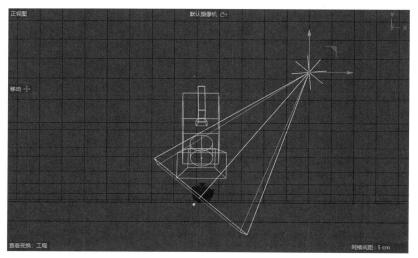

图7-22

（4）在"变换"卷展栏中更改其"变换"参数值，如图7-23所示。

（5）在"强度"卷展栏中设置"强度"为25000，如图7-24所示。

图7-23

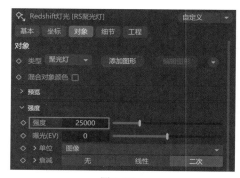

图7-24

（6）在"阴影"卷展栏中设置"柔化"为3。在"焦散"卷展栏中勾选"焦散光子"复选框，设置"强度"为3，"光子"为1000000，如图7-25所示。

（7）渲染场景，添加了RS聚光灯的渲染效果如图7-26所示。

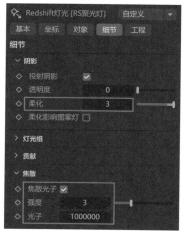

图7-25

Cinema 4D 2024三维建模实战教程（全彩微课版）

图7-26

（8）在"对象"面板中选中茶壶模型，单击鼠标右键并执行"渲染标签>RS对象"命令，为其添加RS对象标签，如图7-27所示。

（9）在"属性"面板中勾选"覆盖"和"投射焦散光子"复选框，如图7-28所示。

图7-27   图7-28

（10）在"渲染设置"面板中设置"交互渲染"和"最终渲染"均为"区块"，如图7-29所示。

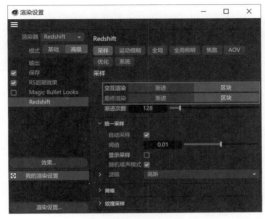

图7-29

（11）在Redshift组中设置"模糊半径"为0.5，如图7-30所示。

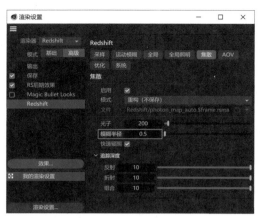

图7-30

（12）设置完成后，渲染场景，渲染效果如图7-31所示。

图7-31

 技巧与提示 读者也可以自行尝试制作其他颜色玻璃的焦散效果，如图7-32和图7-33所示。

图7-32

图7-33

 **课后习题：制作运动模糊效果**

本习题详细讲解运动模糊效果的制作方法，最终完成效果如图7-34所示。

图7-34

制作思路

（1）观察场景文件。
（2）添加灯光。
（3）设置运动模糊。

制作要点：

第1步：启动中文版Cinema 4D 2024，打开本书的配套场景文件"风力发电机.c4d"。本实例为一个风力发电机模型，已经设置好了材质、动画及摄像机，如图7-35所示。

图7-35

技巧与提示   本实例中风力发电机的扇叶已经设置好了旋转动画，有关设置动画方面的知识，读者可以阅读其他资料进行学习。

第2步：拖动"时间滑块"按钮，可以看到风力发电机的动画效果，如图7-36和图7-37所示。

图7-36

图7-37

第3步：单击"RS太阳与天空装配"按钮（见图7-38），为场景添加天空环境灯光。

第4步：使用"旋转"工具调整灯光至图7-39所示的角度，使阳光从风力发电机的前方向其照射。

图7-38

图7-39

第5步：渲染场景，添加了灯光后的渲染效果如图7-40所示。

第6步：在"渲染设置"面板中勾选"运动模糊"复选框，如图7-41所示。

图7-40

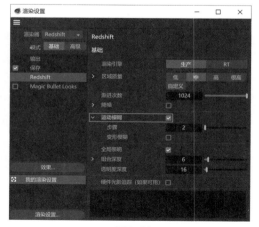
图7-41

第7步：再次渲染场景，渲染效果如图7-42所示。此时可以看到风力发电机的扇叶已经有了一点点运动模糊的效果。

图7-42

第8步：在"渲染设置"面板中设置"模式"为"高级"，"时间（1/s）"为10，如图7-43所示。

第9步：本实例的最终渲染效果如图7-44所示。

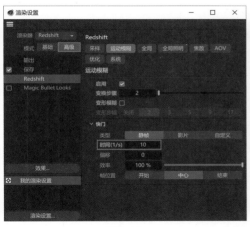

图7-43

图7-44

第 **8** 章 综合实例

本章导读

  本章准备了两个较为典型的实例，希望读者通过本章的学习，能够熟练掌握Cinema 4D 材质、灯光及渲染的综合运用技巧。

学习要点

  ❖ 掌握企业Logo表现案例中的常用材质、灯光及渲染方法

  ❖ 掌握动画场景表现案例中的常用材质、灯光及渲染方法

8.1 企业Logo表现案例

中文版Cinema 4D 2024自带的Redshift渲染器是一个电影级的优秀渲染器，使用该渲染器做出来的企业Logo效果非常优秀。

效果文件	企业Logo.c4d

素材文件	企业Logo.c4d

微课视频

视频名称	视频文件>第8章>企业 Logo表现案例.mp4

制作思路

（1）分析场景，制作常用材质。
（2）为场景添加灯光。

操作步骤

8.1.1 效果展示

本实例通过一个企业Logo的场景文件来详细讲解Cinema 4D软件玻璃材质、灯光以及渲染方面的设置技巧。本实例的最终渲染效果如图8-1所示。

启动中文版Cinema 4D 2024，打开本书的配套场景资源文件"企业Logo.c4d"，如图8-2所示。

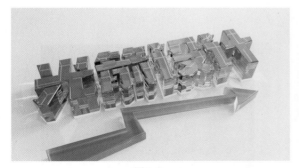

图8-1

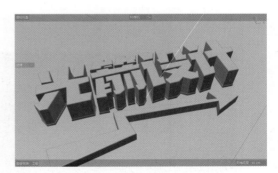

图8-2

8.1.2 制作蓝色磨砂玻璃材质

本案例中的箭头标志使用了蓝色磨砂玻璃材质，渲染效果如图8-3所示。

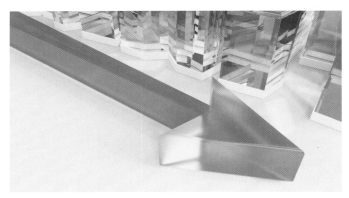

图8-3

操作步骤

（1）选中场景中的箭头标志模型，如图8-4所示。

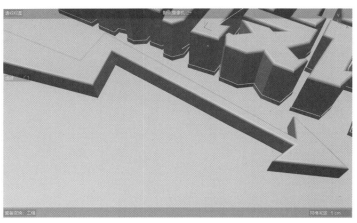

图8-4

（2）单击鼠标右键并执行"创建默认材质"命令（见图8-5），为其添加一个默认材质。

（3）在"属性"面板中更改材质的名称为"蓝色磨砂玻璃"，如图8-6所示。

图8-5

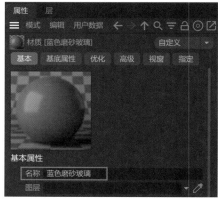

图8-6

（4）在"反射"卷展栏中设置"粗糙度"为0.35，如图8-7所示。

（5）在"透射"卷展栏中设置"颜色"为蓝色，"权重"为1，如图8-8所示。其中，颜色的参数设置如图8-9所示。

图8-7　　　　　　　　　　图8-8　　　　　　　　　　图8-9

（6）制作完成后的蓝色磨砂玻璃材质在"属性"面板中的显示效果如图8-10所示。

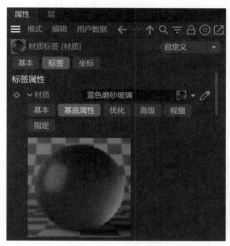

图8-10

8.1.3　制作渐变色玻璃材质

本案例中的文字模型使用了带有渐变色效果的玻璃材质，渲染效果如图8-11所示。

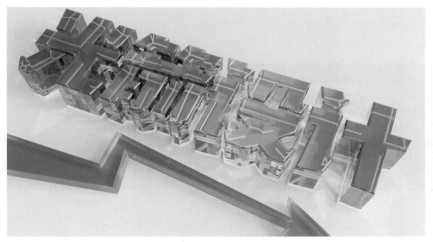

图8-11

（1）选中场景中的文字模型，如图8-12所示。

图8-12

（2）单击鼠标右键并执行"创建默认材质"命令（见图8-13），为其添加一个默认材质。

（3）在"属性"面板中更改材质的名称为"渐变色玻璃"，如图8-14所示。

图8-13

图8-14

（4）在"反射"卷展栏中设置"粗糙度"为0，IOR为2，如图8-15所示。

（5）在"透射"卷展栏中为"颜色"属性添加"斜面"纹理，设置"权重"为1，如图8-16所示。

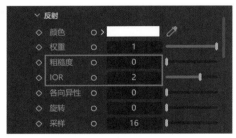

图8-15

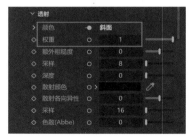

图8-16

（6）在"斜面"卷展栏中设置渐变颜色，如图8-17所示。从左至右的4个颜色参数设置如图8-18～图8-21所示。

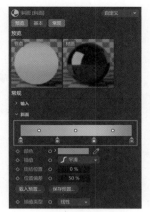

图8-17

图8-18

图8-19

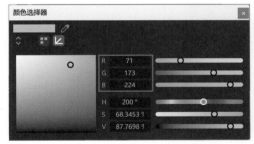

图8-20

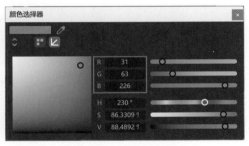

图8-21

（7）制作完成后的渐变色玻璃材质在"属性"面板中的显示效果如图8-22所示。

（8）选择材质标签，在"属性"面板中设置"投射"为"平直"，如图8-23所示。

图8-22

图8-23

（9）在"纹理模式"中设置纹理的边框至图8-24所示的大小，完成渐变色方向的指定。

图8-24

 技巧与提示　渐变色的方向由纹理的边框指定，但是需要渲染才能看到最终效果。

8.1.4　制作平面背景材质

本案例中的平面背景颜色为浅蓝色，渲染效果如图8-25所示。

图8-25

操作步骤

（1）选中场景中的平面模型，如图8-26所示。

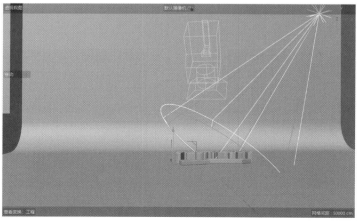

图8-26

188

（2）单击鼠标右键并执行"创建默认材质"命令（见图8-27），为其添加一个默认材质。

（3）在"属性"面板中更改材质的名称为"浅蓝色背景"，如图8-28所示。

图8-27

图8-28

（4）在"基底"卷展栏中设置"颜色"为浅蓝色，如图8-29所示。其中，颜色的参数设置如图8-30所示。

图8-29

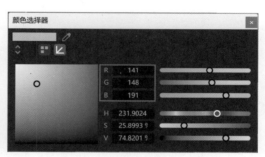

图8-30

（5）在"反射"卷展栏中设置"粗糙度"为0.4，如图8-31所示。

（6）制作完成后的平面背景材质在"属性"面板中的显示效果如图8-32所示。

图8-31

图8-32

8.1.5　制作场景灯光

（1）单击"区域光"按钮（见图8-33），在场景中创建一个区域光。

（2）使用"移动工具"调整区域光至图8-34所示的位置。将灯光放置在房间中窗户模型的外面位置。

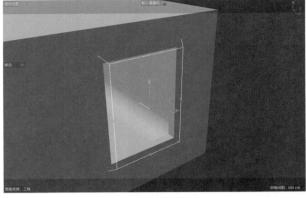

图8-33　　　　　　　　　　　　　　　　　　　　　图8-34

（3）在"强度"卷展栏中设置"强度"为50，如图8-35所示。

（4）观察场景中的房间模型，我们可以看到该房间的一侧墙上有2个窗户，所以将刚刚创建的区域光选中，按住Ctrl键，配合"移动"工具复制出一个，并调整其位置至另一个窗户模型处，如图8-36所示。

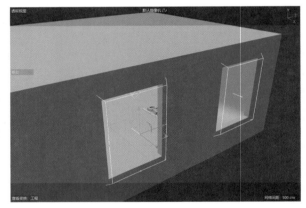

图8-35　　　　　　　　　　　　　　　　　　　图8-36

（5）单击"聚光灯"按钮（见图8-37），在场景中创建一个聚光灯。

（6）在"正视图"中设置灯光至图8-38所示的位置及角度。

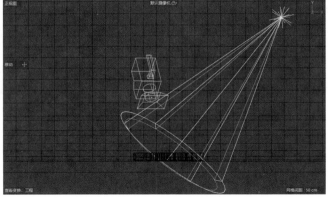

图8-37　　　　　　　　　　　　　　　　　　　图8-38

（7）在"顶视图"中设置灯光至图8-39所示的位置及角度。

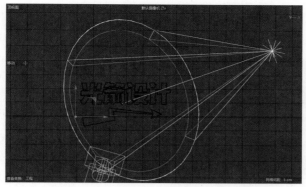

图8-39

（8）在"属性"面板中设置"变换"卷展栏中的参数值，如图8-40所示。

（9）在"强度"卷展栏中设置"强度"为90000，如图8-41所示。

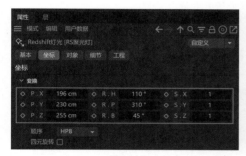

图8-40

图8-41

（10）设置完成后，渲染场景，渲染效果如图8-42所示。

图8-42

8.1.6 制作焦散效果

（1）选中场景中的文字模型，在"对象"面板中单击鼠标右键并执行"渲染标签>RS对象"命令，为其添加RS对象标签，如图8-43所示。

（2）在"属性"面板中勾选"覆盖"和"投射焦散光子"复选框，如图8-44所示。

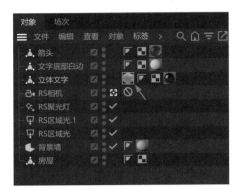

图8-43 图8-44

（3）选择聚光灯，在"焦散"卷展栏中勾选"焦散光子"复选框，设置"强度"为20，"光子"为9000000，如图8-45所示。

（4）在"渲染设置"面板的Redshift组中设置"模糊半径"为0.5，如图8-46所示。

图8-45 图8-46

（5）渲染场景，渲染效果如图8-47所示。

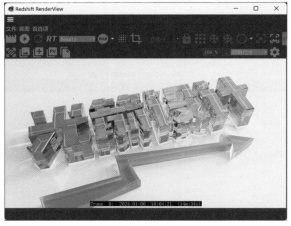

图8-47

Cinema 4D 2024三维建模实战教程（全彩微课版）

8.2 动画场景表现案例

中文版Cinema 4D 2024自带的Redshift渲染器不但能做出优秀的企业Logo，在动画场景的表现上也同样优秀。

效果 文件	教学楼.c4d

素材 文件	教学楼.c4d

微课视频

视频 名称	视频文件>第8章> 动画场景表现案例.mp4

制作思路

（1）分析场景，制作常用材质。
（2）为场景添加灯光。

操作步骤

8.2.1 效果展示

本实例通过一个室外建筑的动画场景来详细讲解Cinema 4D的常用材质、灯光以及渲染方面的设置技巧。本实例的最终渲染效果如图8-48所示。

图8-48

启动中文版Cinema 4D 2024，打开本书的配套场景资源文件"教学楼.c4d"，如图8-49所示。

图8-49

8.2.2 制作灰色墙体材质

本实例中的灰色墙体材质渲染效果如图8-50所示。

图8-50

操作步骤

（1）在场景中选中建筑一楼的墙体模型，如图8-51所示。

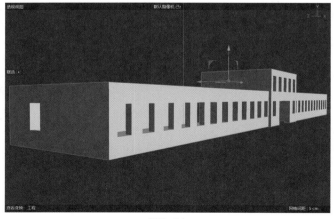

图8-51

（2）单击鼠标右键并执行"创建默认材质"命令（见图8-52），为其添加一个默认材质。

图8-52

（3）在"基底"卷展栏中为"颜色"属性添加"砖墙-灰色.jpg"贴图文件，如图8-53所示。

（4）在"反射"卷展栏中设置"粗糙度"为0.6，如图8-54所示。

图8-53

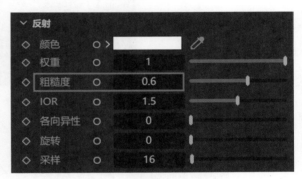

图8-54

（5）在"几何体"卷展栏中为"凹凸贴图"属性添加"砖墙-灰色.jpg"贴图文件，如图8-55所示。

（6）设置完成后，灰色墙体材质的预览效果如图8-56所示。

图8-55

图8-56

（7）在"节点编辑器"面板中可以观察灰色墙体材质的节点连接情况，如图8-57所示。

（8）在"属性"面板中设置"投射"为"立方体"，如图8-58所示。

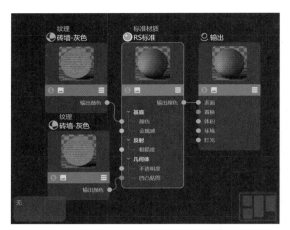
图8-57

图8-58

（9）单击工作界面上方的"纹理"按钮（见图8-59），进入"纹理模式"。

图8-59

（10）使用"缩放"工具和"旋转"工具调整投射至图8-60所示的大小，完成贴图坐标的设置。

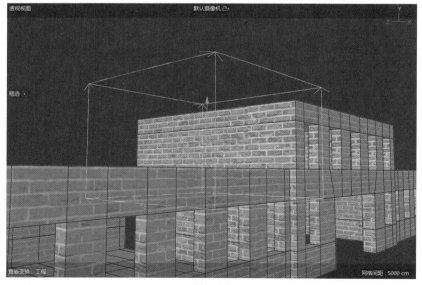
图8-60

 技巧与提示　本实例中的红色墙体材质也使用了相同的步骤进行制作，此处不再重复讲解。

8.2.3　制作玻璃材质

本实例中的玻璃材质渲染效果如图8-61所示。

图8-61

操作步骤

（1）在场景中选中玻璃模型，如图8-62所示。

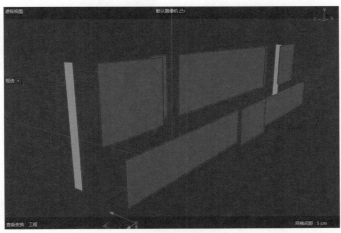

图8-62

（2）单击鼠标右键并执行"创建默认材质"命令（见图8-63），为其添加一个默认材质。

（3）在"反射"卷展栏中设置"粗糙度"为0，如图8-64所示。

图8-63

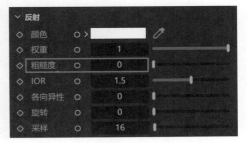

图8-64

（4）在"透射"卷展栏中设置"权重"为0.8，如图8-65所示。

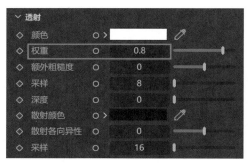

图8-65

（5）设置完成后，玻璃材质的预览效果如图8-66所示。

（6）在"节点编辑器"面板中可以观察玻璃材质的节点连接情况，如图8-67所示。

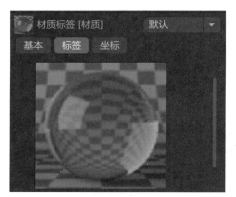

图8-66

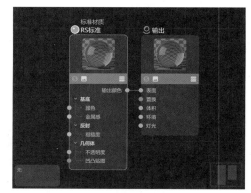

图8-67

8.2.4 制作树叶材质

本实例中的树叶材质渲染效果如图8-68所示。

图8-68

（1）在场景中选中树叶模型，如图8-69所示。

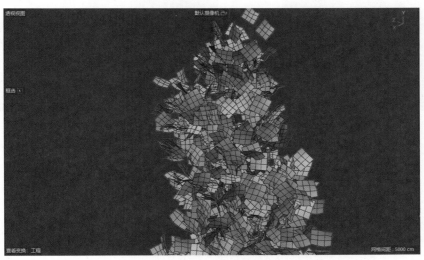

图8-69

（2）单击鼠标右键并执行"创建默认材质"命令（见图8-70），为其添加一个默认材质。

（3）在"基底"卷展栏中为"颜色"属性添加"叶片2.jpg"贴图文件，如图8-71所示。

图8-70

图8-71

（4）在"反射"卷展栏中设置"粗糙度"为0.5，如图8-72所示。

（5）在"几何体"卷展栏中为"不透明度"属性添加"叶片2透明.jpg"贴图文件，如图8-73所示。

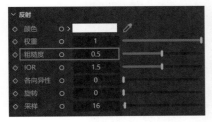

图8-72

图8-73

（6）设置完成后，树叶材质的预览效果如图8-74所示。

（7）在"节点编辑器"面板中可以观察树叶材质的节点连接情况，如图8-75所示。

图8-74

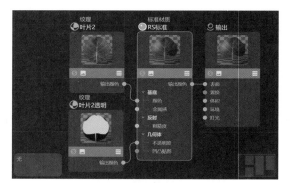

图8-75

8.2.5 制作树枝材质

本实例中的树枝材质渲染效果如图8-76所示。

图8-76

操作步骤

（1）在场景中选中树枝模型，如图8-77所示。

图8-77

（2）单击鼠标右键并执行"创建默认材质"命令（见图8-78），为其添加一个默认材质。

（3）在"基底"卷展栏中为"颜色"属性添加"树枝.png"贴图文件，如图8-79所示。

图8-78

图8-79

（4）在"反射"卷展栏中设置"粗糙度"为0.6，如图8-80所示。

（5）设置完成后，树枝材质的预览效果如图8-81所示。

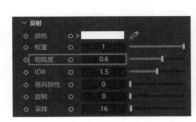

图8-80

图8-81

（6）在"节点编辑器"面板中可以观察树枝材质的节点连接情况，如图8-82所示。

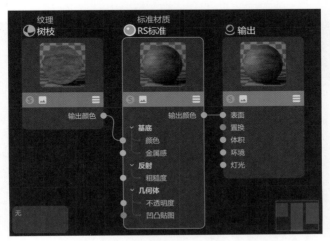

图8-82

8.2.6 制作日光照明效果

（1）单击"RS太阳与天空装配"按钮，如图8-83所示。

（2）在"对象"面板中可以看到场景中多了一个RS天空和一个RS太阳，如图8-84所示。

图8-83　　　　　　　　　　　　　　　　图8-84

（3）在"透视视图"中调整灯光至图8-85所示的位置和方向。

（4）在"渲染设置"面板中设置"宽度"为1300，"高度"为800，如图8-86所示。

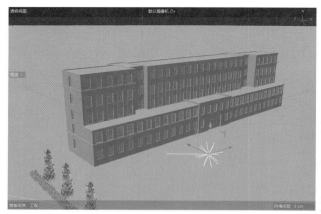

图8-85

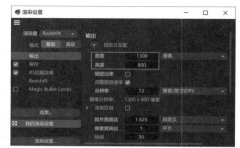

图8-86

（5）渲染场景，渲染效果如图8-87所示。

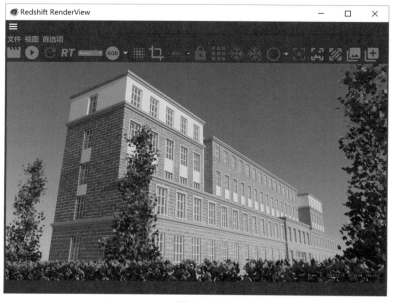

图8-87

（6）在"颜色调节"卷展栏中设置"红蓝移"为0.2，如图8-88所示。

图8-88

（7）再次渲染场景，渲染效果如图8-89所示。

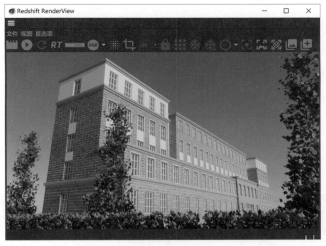

图8-89

 "红蓝移"可以控制图像的整体色调，该值大于0，渲染效果偏暖色调；该值小于0，渲染效果偏冷色调。图8-90所示为该值是-0.2时的渲染效果。

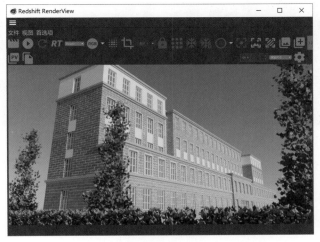

图8-90

（8）在"颜色控件"卷展栏中调整曲线至图8-91所示的形状。这样可以提亮一点渲染画面的亮度。

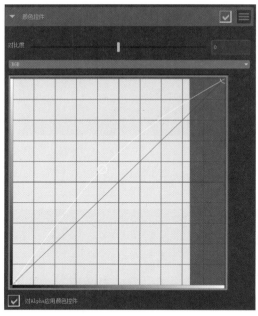

图8-91

（9）本实例最终完成的渲染效果如图8-92所示。

图8-92